"十四五"时期国家重点出版物出版专项规划项目

智能建造理论·技术与管理丛书

绿色建筑 BIM 设计与分析

主　编　何　江　杜永明

副主编　王　丽　卢永喆

参　编　李达耀　金成国　黄国全　彭　聪　钟国栋　陆兰晶

　　　　唐碧秋　郑文亨　黄家聪　李博勤　周　薇　郭　阳

　　　　郑　兴　方家涛　方文成　蒋秋宁　尹　佳

机械工业出版社

绿色建筑设计与分析是绿色建筑项目建设过程中必不可少的环节，涵盖了节能设计、日照和采光分析等。在绿色建筑设计与分析中充分运用BIM技术，不仅能对设计方案的环境性能、能源消耗和资源利用等方面进行模拟和分析，而且能够为方案优化提供思路和依据，提高绿色建筑项目的环保性能。基于此，本书围绕 BIM 技术在绿色建筑设计与分析中的应用，对绿色建筑设计的基础知识和基本理论进行梳理，详细介绍基于建筑设计方案 BIM 模型的节能设计、采光和日照分析，最后结合工程案例展示应用软件操作的整个过程。

本书可作为高等院校建筑学、工程管理、土木工程等专业的教材，也可作为从事建筑设计、项目管理、BIM 应用等工作人员的参考书，还可作为工程类资格证书、BIM 类资格证书考试者复习的参考教材。

本书配有授课 PPT、教学视频、案例的建模文件及分析报告等资源，免费提供给选用本书的授课教师，需要者请登录机械工业出版社教育服务网（www.cmpedu.com）注册后下载。

图书在版编目（CIP）数据

绿色建筑 BIM 设计与分析/何江，杜永明主编. —
北京：机械工业出版社，2023.2
（智能建造理论·技术与管理丛书）
"十四五"时期国家重点出版物出版专项规划项目
ISBN 978-7-111-72297-7

Ⅰ.①绿…　Ⅱ.①何…②杜…　Ⅲ.①生态建筑-建
筑设计-计算机辅助设计-应用软件　Ⅳ.①TU201.4

中国版本图书馆 CIP 数据核字（2022）第 253041 号

机械工业出版社（北京市百万庄大街 22 号　邮政编码 100037）
策划编辑：李　帅　　　　　　责任编辑：李　帅　高凤春
责任校对：贾海霞　陈　越　　封面设计：张　静
责任印制：刘　媛
涿州市殷润文化传播有限公司印刷
2023 年 5 月第 1 版第 1 次印刷
184mm×260mm · 12.5 印张 · 307 千字
标准书号：ISBN 978-7-111-72297-7
定价：43.00 元

电话服务　　　　　　　　　　网络服务
客服电话：010-88361066　　机　工　官　网：www.cmpbook.com
　　　　　010-88379833　　机　工　官　博：weibo.com/cmp1952
　　　　　010-68326294　　金　书　网：www.golden-book.com
封底无防伪标均为盗版　　机工教育服务网：www.cmpedu.com

前　言

大力发展绿色建筑是建筑业实现"碳达峰"和"碳中和"双碳目标的有效方法之一，其理念已得到社会各界的普遍认同。在绿色建筑设计中利用建筑信息模型（BIM）技术是提升绿色建筑设计水平和绿色建筑建设及管理质量的重要手段。BIM 技术作为下一代工程项目数字化建设和运维的基础性技术，是未来建筑行业的重要发展趋势之一，其重要性正在日益显现，BIM 的应用和推广给行业发展带来了历史性变革。进入"十三五"以来，我国建筑业相关部门对 BIM 应用研究的力度加大，批准设立了一系列产业化应用研究项目，包括"基于 BIM 的预制装配建筑体系应用技术研究"和"绿色施工与智慧建造关键技术研究"等项目。全国已有一大批工程在不同程度上应用了 BIM 技术，提高了企业的技术水平和管理能力，取得了较好的经济、环保和社会效益。中华人民共和国住房和城乡建设部（简称"住建部"）2011 年发布了《2011—2015 年建筑业信息化发展纲要》；2015 年发布了《关于推进建筑信息模型应用的指导意见》，提出了到 2020 年年末建筑行业甲级勘察、设计单位以及特级、一级房屋建筑工程施工企业应掌握并实现 BIM 与企业管理系统和其他信息技术的一体化集成应用等发展目标。在 2022 年 1 月住建部印发的《"十四五"建筑业发展规划》中制定的主要任务之一，是加快推进建筑信息模型（BIM）技术在工程全寿命期的集成应用，健全数据交互和安全标准，强化设计、生产、施工各环节数字化协同，推动工程建设全过程数字化成果交付和应用。教育部在 2018 年 1 月 30 日发布的《普通高等学校本科专业类教学质量国家标准》中，对土木工程、建筑学等建筑类相关专业明确提出将建筑信息模型技术应用列入课程设置要求，这体现了教育部与时俱进、与市场接轨的决心，对高校提出了新要求。根据大形势下普通高等教育土木工程、工程管理、建筑学等本科专业人才培养目标对 BIM 相关课程的教学要求，并结合当前绿色建筑设计的工作实际和最新标准，编写了本书，旨在满足新形势下我国对 BIM 相关专业技术人才培养的迫切需求。

本书贯彻"以素质教育为基础、以应用为导向、以能力为本位、以学生为主体"的编写初衷，以绿色建筑设计的基础理论为主线，结合 BIM 技术的实际应用，开展实际项目式教学，重视学生自主学习能力的培养，实现培养高端领军型人才的目标。本书的编写团队由本领域具有丰富实践经验和扎实理论基础的专业教师和行业专家组成，秉持人才培养至上的理念，遵循"新工科"教材编写精神，注重教材的知识关联与实际问题的解决。本书结合斯维尔 BIM 绿建系列软件，系统介绍了基于 Revit 模型的绿色建筑设计与性能分析过程。内容既涵盖软件基础应用，又辅以案例讲解，由浅入深，比较完整地介绍了软件的操作功能和实际案例中的具体使用方法。

本书由广西大学何江和深圳市斯维尔科技股份有限公司杜永明担任主编，由广西大学王丽和深圳市斯维尔科技股份有限公司卢永喆担任副主编，其他参与编写的人员有北部湾大学李达耀和金成国，北海职业学院黄国全，广西水利电力职业技术学院彭聪，桂林理工大学钟国栋，广西建设职业技术学院陆兰晶，桂林电子科技大学唐碧秋和郑文亨，南宁学院黄家聪，广西交通职业技术学院李博勤和周薇，广西安全工程职业技术学院郭阳，深圳市斯维尔科技股份有限公司郑兴、方家涛和方文成，广西培贤国际职业学院蒋秋宁，柳州工学院尹佳。

　　由于本书涉及内容广泛，相关规范及技术仍在不断完善，同时限于编者水平，书中难免有错漏或不足之处，敬请广大读者和专家批评指正。

编　者

目　录

V

第 1 章　绿色建筑与BIM技术应用

■ 1.1　绿色建筑概述

　　我国的绿色建筑明确地定义为，在全寿命期内，节约资源、保护环境、减少污染，为人们提供健康、适用、高效的使用空间，最大限度地实现人与自然和谐共生的高质量建筑。为贯彻落实绿色发展理念，推进绿色建筑高质量发展，中华人民共和国住房和城乡建设部于 2006 年颁发了《绿色建筑评价标准》（GB/T 50378—2006），经过多次修订，最新版的《绿色建筑评价标准》（GB/T 50378—2019）于 2019 年 8 月 1 日正式实施。

　　绿色建筑应结合地形地貌进行场地设计与建筑布局，且建筑布局应与场地的气候条件和地理环境相适应，并应对场地的风环境、光环境、热环境、声环境等加以组织和利用。绿色建筑设计应以此为出发点进行建筑设计，使设计方案在整体上满足规定的绿色建筑评价标准。我国的绿色建筑评价指标体系则由安全耐久、健康舒适、生活便利、资源节约、环境宜居这五个方面的指标组成。

■ 1.2　BIM 技术

　　建筑信息模型（Building Information Modeling，BIM）的定义为，包含在建筑项目全寿命周期中的几何、功能、施工建造、维护管理等信息的模型。BIM 作为建筑信息化的重要集成技术可实现建筑工程全寿命周期内的信息共享（图 1-1），使用通用的数据格式创建并收集建设项目的所有信息（包括：建筑几何形态、建筑材料、建筑结构类型、施工进度、施工成本、材料耐久性等），建筑信息模型用来进行项目决策并共享、利用这些信息资源。BIM 技术是一项基于建筑信息模型的 3D 数字化技术，具有操作可视化，信息完备、协调、互用等特点。在建筑工程中利用 BIM 技术，不仅可以促进建筑工程质量的提高，还能减少施工失误、潜在风险的出现。

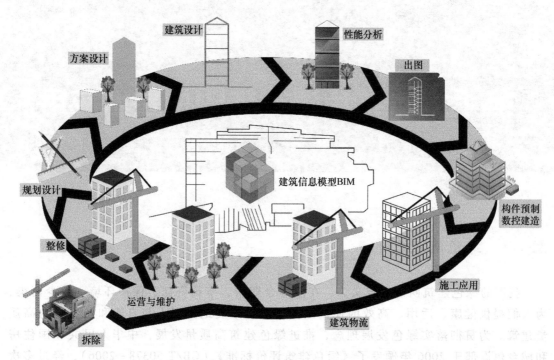

图 1-1　建筑信息模型（BIM）在建筑全寿命周期各阶段的信息共享

■ 1.3　BIM 技术在绿色建筑中的应用

BIM 技术在绿色建筑中的应用主要体现在以下方面：

1. 在项目实施各阶段的应用

BIM 技术可以应用在建筑工程项目实施阶段（包括：规划、设计、施工、建造、造价管理、运营和维护、改造和拆除），可以提供建筑物的几何形状和功能等相关信息、建筑材料和方案等优选决策的支撑基础，同时为各阶段多专业之间的信息交换和共享进行协同工作以及数字化管理提供必要的数据支持和工作平台。

2. 建筑可视化应用

建筑项目的 BIM 模型可以用于展示建筑的三维形体，在三维虚拟环境中浏览和漫游设计方案的建筑空间、布局、结构等，通过这样的可视化方式辅助观看者理解设计方案。在前期设计和方案设计阶段，设计者通过室内外空间可视化分析进行方案优化设计。BIM 模型还可以作为绿色建筑日光与遮阳的可视化和分析模型，帮助确定建筑物的朝向或太阳能光热利用组件的设置位置。

3. 建筑环境分析应用

为了使设计的方案在室内外环境质量（如日照条件、通风性能、光环境、噪声影响等）上满足规定的绿色建筑评价标准，可以利用设计方案的 BIM 模型进行日照分析、风环境分析、室内光环境分析等建筑环境分析，计算采光系数是否满足采光要求的面积比例，分析主要功能房间是否有眩光影响，计算日照时数是否达标。

4. 建筑性能分析应用

为了使设计的方案在建筑性能上满足绿色建筑评价标准，也可以利用 BIM 模型及其数据分析建筑围护结构的热工性能，预测建筑供暖空调负荷，并结合当地气候和自然资源条件评价太阳能、雨水等可再生能源及自然资源的利用潜力。

5. 绿色建筑评估应用

对于设计的方案，可以从 BIM 模型中提取绿色建筑评价所需数据，用于计算绿色建筑评价等级并为下一步评估提供反馈，同时可以及时获得绿色建筑评价所需的分析报告等文件。BIM 技术还可以帮助设计者在设计的前期阶段选择正确的材料类型，并做出对绿色建筑全寿命周期产生重大影响的重要决策。

 习 题

1. 绿色建筑的概念是什么？
2. 我国绿色建筑评价指标体系由哪些组成？
3. BIM 技术在绿色建筑中应用主要有哪些？

第2章 绿色建筑的节能设计与分析

■ 2.1 建筑节能设计

建筑节能具体指在建筑物的规划、设计、新建（改建、扩建）、改造和使用过程中，执行节能标准，采用节能型的技术、工艺、设备、材料和产品，提高保温隔热性能和采暖供热、空调制冷制热系统效率，加强建筑物用能系统的运行管理，利用可再生能源，在保证室内热环境质量的前提下，增大室内外能量交换热阻，以减少供热系统、空调制冷制热、照明及热水供应因过大冷热消耗而产生的能耗。

影响建筑能耗的因素众多，但从技术途径上来说，主要有两方面：一是，减少能源总需求量（节流）；二是，开发利用新能源（开源）。针对本书内容重点，将着重介绍"减少能源总需求量"的方面。减少能源总需求量，主要是减少建筑的冷热及照明能耗，一般需从建筑的规划设计、围护结构、建筑设备和运行管理等方面实现。

在建筑的总体规划与设计指导下，建筑节能设计应从分析地区的气候条件出发，将建筑设计与建筑微气候，建筑技术与能源的有效利用相结合，以达到在冬季最大限度地利用自然能源采暖，并减少热损失；夏季最大限度地减少得热并利用自然资源降温冷却。从建筑的规划设计入手，综合分析地区气候特征，充分利用有利的气候条件和防御不利气候因素影响。地区气候特征包括太阳能辐射强度、最热（冷）月平均气温及空气湿度、夏（冬）季主导风与平均风压、雨雪量等要素，这些要素是在节能设计中需要注意的"气候条件"。此外，还需注意区域的"微环境"（如地形条件、地表环境、地表土壤和植被等）。节能设计中要充分考虑夏季有利的主导风向（通风降温）和避免冬季不利的主导风向（避风保暖），综合考虑采光、通风、保温和防晒等因素，合理安排群体布局和建筑朝向。建筑的位置及朝向应考虑对城市环境的影响。容积率过高很难满足日照要求，阳光蕴含巨大的辐射能量，不仅对人的身体健康有很大影响，对建筑的节能也具有十分重要意义。规划设计过程中应注重应用日照原理，合理地确定建筑位置与朝向，使每幢建筑能接收更多的太阳辐射热能，因此，建筑的方位与建筑节能有着直接关系。在建筑规划和设计时，重视利用自然环境创造良好的建筑室内微气候和环境，以尽量减少对建筑设备的依赖。

在围护结构方面，改善建筑物围护结构的热工性能，在夏季减少室外热量传入室内，在冬季减少室内热量的流失，使建筑室内热环境得以改善，从而减少建筑冷热能耗。在建筑设备方面，根据建筑的特点和功能，设计高能效的暖通空调设备系统和高效节能的供配电及照明系统，提高能源使用效率。在运行管理方面，采用能源管理和建筑设备监控系统监督和调控室内的舒适度、室内空气品质及能耗情况，从全局的角度对建筑物中能耗进行评价，指导能量的调度分配。

2.1.1 墙体和屋顶隔热保温

围护结构是指建筑物及房间各面的围挡物，如墙体、屋面、地板、地面和门窗等，可分为内围护结构、外围护结构两类。建筑物室内与室外环境的热量交换是通过围护结构进行的。热量从高温处向低温处传递的过程中，存在热传导、热对流和热辐射三种传热方式。其中，热传导是指物体内部高温处的分子向低温处的分子连续不断地传送热能的过程；热对流是指流体（如空气）中温度不同的各部分相对运动而使热量发生转移；热辐射则是指温度不同的两物体之间相互释放电磁波而产生的热传递，温度较高的物体向温度较低的物体释放的辐射量较大。

通过这三种基本的传热方式，室内空气通过围护结构与室外空气进行热量传递的过程，称为围护结构的传热过程。如图 2-1 所示，围护结构的整个传热过程又可以分成以下三个阶段：

1）吸热阶段。围护结构某个表面首先通过与附近空气之间的对流以及与周围其他表面之间的辐射传热，从周围温度较高的空气中吸收热量。

2）导热阶段。在围护结构内部由高温向低温的一侧传递热量，此间的传热主要是以材料内部的导热为主。

3）放热阶段。在围护结构的另一个表面以对流和热辐射方式向周围温度较低的空间散发热量。

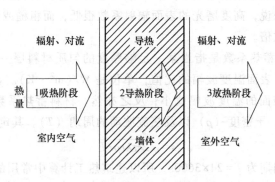

图 2-1 围护结构传热的三个阶段

综上，在建筑室内外存在温差，尤其是温差较大的情况下，如果要维持建筑室内的热稳定性，使室内温度在设定的舒适范围内不做大幅度的波动，而且还要节省能耗，就需要尽量减少通过建筑外围护结构传递的热量。其中，减少外围护结构的表面积，以及选用传热系数（指在稳态条件下，围护结构两侧温差为1℃，在单位时间内通过单位面积围护结构的传热量）较小，即其传热阻较大的材料来做建筑的外围护结构，是减少热量通过外围护结构传递的重要途径。

围护结构的热工性能主要是由建筑材料本身的热物理性质决定的。设计合理的保温、隔热及防潮等围护结构，必须要熟悉材料的基本热物理性质。

1. 建筑材料的热物理性质

表征材料热物理性质的主要热物理量有比热容、导热系数、辐射系数、蓄热系数和热惰性指标。

（1）比热容 c　比热容是指单位质量的物质，温度升高或降低1℃所吸收或放出的热量，通常用 c 表示，单位是 kJ/(kg·K)，也习惯用 kJ/(kg·℃)。各种材料的比热容是不同的，而同一种材料的比热容也会因为压强和温度的变化而有所不同，特别是气体，还可能因为体积的变化而引起比热容的不同。

（2）导热系数 λ　导热系数是指厚度为1m的材料，当两侧表面温度差为 1K（或1℃）时，在单位时间内通过 $1m^2$ 表面积的导热量，常用 λ 表示，单位是 W/(m·K)。在实际工程中，一般是按照导热系数的大小来区分建筑材料的热工用途。通常把导热系数值小于 0.3W/(m·K)，并能用在工程上的材料称为绝热材料，并且也习惯按用途称为保温材料或隔热材料，如矿棉、岩棉、珍珠岩、蛭石、泡沫塑料等。气体的导热系数最小，其值为 0.006~0.6W/(m·K)，如空气在常温、常压下只有 0.029W/(m·K)，所以围护结构空气层中静止的空气具有很好的保温隔热能力。液体的导热系数值为 0.07~0.7W/(m·K)，略大于气体，如，水在常温下为 0.58W/(m·K)。

（3）辐射系数 ε　辐射系数（也称为辐射率）是指材料向外散发辐射热能力的高低。黑体的辐射率等于1，其他物体的辐射率介于0和1之间。材料表面的辐射系数主要取决于材料的种类、表面温度和表面状况。不同种类的材料辐射系数是不同的，如，常温下混凝土表面的辐射系数约为0.92，而铝材料的辐射系数只有0.3左右。同一材料的辐射系数又随温度而变化，温度升高，材料的辐射系数会稍有升高，但在建筑热工计算中遇到的常温辐射范围里，温度对辐射系数带来的影响不大，一般可忽略不计。材料表面状况对辐射系数影响很大，对于金属材料来说，高度磨光的表面辐射系数很低，而粗糙或受氧化的表面辐射系数往往高达磨光表面的数倍。

（4）蓄热系数 s　蓄热系数是指当某一足够厚度的匀质材料层一侧受到谐波热作用时，通过表面的热流波幅与表面温度波幅的比值，单位是 W/(m²·K)。蓄热系数越大，材料的热稳定性越好，材料表面的温度波幅就小；反之亦然。材料蓄热系数的大小取决于导热系数（λ）、比热容（c）、干密度（ρ）以及热流波动的周期（T）。其定义式为

$$s = \sqrt{2\pi\lambda c\rho/T} \tag{2-1}$$

因建筑气候的日周期为 $T=24\times3600s$，所以建筑热工计算中常用的蓄热系数表示为

$$s_{24} = \sqrt{2\pi\lambda c\rho\times1000/(24\times3600)} = 0.27\sqrt{\lambda c\rho} \tag{2-2}$$

式中　s_{24}——24h 周期下的材料蓄热系数 [W/(m²·K)]；

　　　λ——材料的导热系数 [W/(m·K)]；

　　　c——材料的比热容 [kJ/(kg·K)]；

　　　ρ——材料的干密度（kg/m³）；

　　　T——热作用的周期（s）。

式（2-2）说明，对密度大的材料，其蓄热性能好；密度小的材料，其蓄热性能差。因此，重型围护结构的热稳定性好，而轻型围护结构稳定性差。某些对室内空气温度波动有严格控制的建筑，如，档案馆的围护结构，不但应采用重型围护结构方案，而且应该把蓄热系

数大的材料放在室内一侧，这样围护结构既可以大量蓄积空调系统所提供的热量或冷量，做到空调系统运行上的节能，又可以有效地限制内表面上的温度波动，从而保持室内空气温度有良好的稳定性。

（5）**热惰性指标 D** 材料层的热惰性指标是用来说明材料层抵抗温度波动能力的一个指标，用 D 表示，它的大小受材料本身的热阻 R 和蓄热系数 s 所控制。其定义式为

$$D = sR \tag{2-3}$$

式中 　D——材料层的热惰性指标；

　　　s——材料层的蓄热系数 $[W/(m^2 \cdot K)]$；

　　　R——材料层的热阻，即热流通过平壁时所受的阻力 $[m^2 \cdot K/W]$。

如果围护结构是由多层材料组成的，其热惰性指标则是各层材料的热惰性指标相加而得。蓄热系数的大小决定表面围护结构内部温度波幅衰减的快慢程度，即 D 值越大，温度波幅衰减得越快，因此，重型围护结构抵抗外界空气温度波动的能力要比轻型结构强。

2. 屋顶的隔热保温

屋面作为一种建筑外围护结构所造成的室内外温差传热量，大于任何一面外墙的耗热量。因此，屋面保温隔热性能好坏是降低空调（供暖）能耗的重要因素。与墙面相比，屋面的保温和隔热的构造做法有时是完全不同的。虽然应用于北方寒冷和严寒地区的隔热屋面也能够同时起到保温的作用，但应用于南方夏热冬暖地区的隔热屋面，如架空、蓄水、种植等隔热屋面来说，则只能起到隔热作用。以下分别从保温与隔热两个方面介绍屋面节能技术：

（1）**保温屋面** 保温屋面节能的原理与墙面节能一样，都是通过改善屋面层的热工性能阻止热量的传递。

一般保温屋面构造由结构层、保温隔热层、找平层、防水层和保护层等组成。传统屋面保温形式是把保温材料做在屋顶楼板的外侧，让屋面的楼板受到保温层保护的同时不至受到过大的温度应力，整个屋顶的热工性能得到保证，如图 2-2 所示。

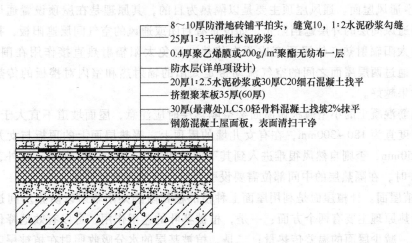

8～10厚防滑地砖铺平拍实，缝宽10，1:2水泥砂浆勾缝
25厚1:3干硬性水泥砂浆
0.4厚聚乙烯膜或200g/m²聚酯无纺布一层
防水层（详单项设计）
20厚1:2.5水泥砂浆或30厚C20细石混凝土找平
挤塑聚苯板35厚(60厚)
30厚（最薄处）LC5.0轻骨料混凝土找坡2%抹平
钢筋混凝土屋面板，表面清扫干净

图 2-2 传统保温屋面做法

倒置式保温屋面是与传统保温屋面相对而言的，即将传统屋面构造中的保温层与防水层颠倒，其结构如图 2-3 所示。倒置式屋面具有以下特点：

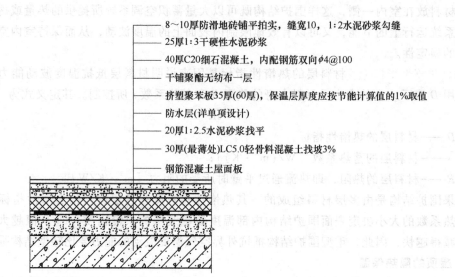

8～10厚防滑地砖铺平拍实，缝宽10，1:2水泥砂浆勾缝

25厚1:3干硬性水泥砂浆

40厚C20细石混凝土，内配钢筋双向φ4@100

干铺聚酯无纺布一层

挤塑聚苯板35厚(60厚)，保温层厚度应按节能计算值的1%取值

防水层(详单项设计)

20厚1:2.5水泥砂浆找平

30厚(最薄处)LC5.0轻骨料混凝土找坡3%

钢筋混凝土屋面板

图 2-3 倒置式保温屋面做法

1）保护防水层免受外界损伤。由于保温材料组成不同厚度的隔热层，起到一定的缓冲作用，使卷材防水材料不易在施工中受外界机械损伤。

2）构造简单，施工方便。倒置式保温屋面不必设置屋面排气系统，也方便既有建筑工程屋面保温节能改造升级。

3）可以有效延长防水层使用年限。倒置式保温屋面将保温层设在防水层之上，大大减弱了防水层受大气、温差及太阳光紫外线照射的物化影响，使防水层不易老化，因而能长期保持其柔软性等，有效延长使用年限。

（2）隔热屋面 不同于保温屋面，隔热屋面主要是用物理方法减少直接作用于屋顶表面的太阳辐射热量，其主要常用的构造做法有架空通风屋面、种植屋面和蓄水屋面。

1）架空通风屋面。通风屋顶主要是以隔热为目的，其原理是在屋顶设置通风间层。一方面，利用通风间层的外层遮挡阳光，如设置有封闭或通风的空气间层遮阳板，拦截直接照射到屋顶的太阳辐射热，使屋顶变成两次传热，避免太阳辐射热直接作用在围护结构上；另一方面，通过两层屋面之间的空气流动带走太阳的辐射热和室内对楼板的传热，风速越大，隔热效果越好。

在用钢筋混凝土的小型薄板做屋面架空隔热层时应注意，屋面坡道不宜大于5%；架空隔热层的高度宜为180～300mm，在有女儿墙的屋顶上，隔热层面上的顶板与女儿墙的距离不应小于250mm，否则自然风很难进入到其下部的间层中，如图2-4所示。此外，当房屋进深大于10m时，在隔热层的中间部位需要设引风口，以加强通风效果。

2）种植屋面。种植屋面是利用屋面上种植的植物阻隔太阳辐射以防止房间过热的隔热措施。其隔热原理主要有两个方面：一是，植被茎叶的遮阳作用，可以有效地降低屋面的室外综合温度，减少屋面的温差传热量；二是，植被基层的水分吸收照射在植被层表面的大量太阳辐射热蒸发成为水蒸气。如果植被种类属于灌木，则还可以有利于固化二氧化碳，释放氧气，净化空气，发挥良好的生态功能。其构造做法是在传统屋面的构造做法基础上，于防水层之上增加蓄排水层、过滤层、种植土、植物，具体构造做法，如图2-5所示。

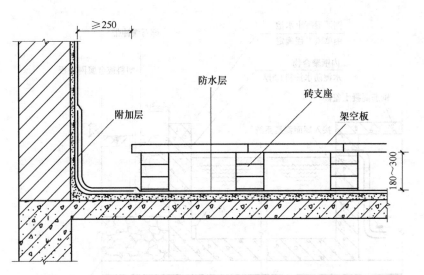

图 2-4　架空通风屋面构造

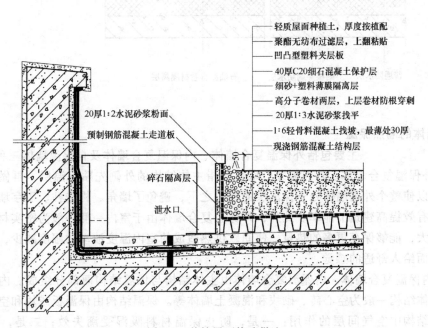

图 2-5　种植屋面构造做法

　　种植屋面相较于传统屋面具有保温、隔热；改善建筑物周围的小气候及优化环境；蓄水和减少屋面泄水；保护建筑构造层；加强隔声效果；美化建筑、点缀环境等优点。

　　3）蓄水屋面。蓄水屋面是在防水屋面上蓄一层水用来提高屋顶的隔热能力，如图 2-6所示。蓄水屋面的隔热机理为：一方面，由于水分的蒸发作用，可以带走蓄水屋顶吸收的大量太阳辐射热，有效地减弱了屋面的传热量，降低了屋面的内表面温度，分析表明水分蒸散热量可达太阳辐射热量的 60%；另一方面，水的比热容较大，蓄热能力强，热稳定性好，能有效地延迟和衰减室外综合温度对室内热环境的影响。

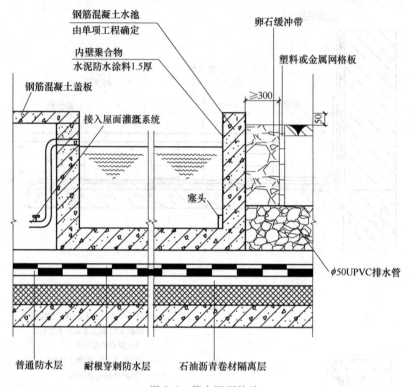

图 2-6　蓄水屋面构造

3. 墙体的隔热保温

（1）墙体保温　主要包括外保温复合墙体、内保温复合墙体及自保温墙体三种类型。

1）外保温复合墙体。外保温复合墙体是指主体结构的外侧先贴保温层，再做饰面层的墙体。可以使整个外墙墙体处于保温层的保护之下，避免了墙角、构造柱、丁字墙等建筑热桥问题，有效提高建筑节能率。此外，外保温复合墙体由于室内一侧一般为密实材料，它的蓄热系数大，能够保存更多的热量，使间歇供热造成的室内温度波动的幅度减少，室内温度稳定，从而给人舒适的感觉。

2）内保温复合墙体。内保温复合墙体由主体结构与保温结构两部分组成。内保温复合外墙的主体结构一般为空心砖、砌块和混凝土墙体等。保温结构由保温板或块和空气间层组成。保温结构中空气间层的作用：一是，防止保温材料吸湿受潮失效；二是，提高外墙热阻。

内保温复合墙体的特点是构造做法施工容易，保温材料的面层不受外界气候变化的影响，保温层的修补或更换也比较方便，但容易生成建筑热桥，且会占据较多的室内空间，减少了建筑物的使用面积。

3）自保温墙体。自保温模式是利用具有隔热保温性能的墙体材料（如保温轻质砂浆、砌块、墙板）自身的热工性能来达到国家或地方有关设计标准的要求。自保温模式所采用的节能墙体材料称为自保温节能墙体材料，是建筑外围护结构的主体。目前的自保温材料主要有加气混凝土砌块、混凝土小型空心砌块、承重烧结多孔砖、节能装饰承重砌块等。

（2）墙体隔热　东西墙接受夏季的太阳辐射强度比南北向要大，尤其是西墙，下午直接受到太阳的照射，下午时室外气温较高，两者综合作用下使得西墙的内表面温度升高，是墙体隔热需着重考虑的部位。外墙材料选择需考虑蓄热系数、热惰性指标的大小等。对于空调的房屋，因为要求围护结构的热阻大和室内温度波幅小，一般可以采用保温材料。而采用自然通风的建筑，则应根据建筑的功能不同，合理选择围护结构的热工指标，如，延迟时间和衰减倍数等。例如，对于只在白天使用的房间，最好将围护结构内表面出现最高温的时间和使用时间错开。外墙的颜色对建筑物的隔热性能有重要影响。外表面颜色较浅，外墙接受的太阳辐射就少。如果外表面颜色浅，同时又光滑，可以更加减少对太阳辐射的吸收。

在外墙面涂刷反射隔热涂料也是一种有效的墙体隔热方法。利用反射隔热涂料的高反射特性，反射照射在墙面的大部分太阳辐射，减少日间墙体吸收的太阳辐射热。与一般的保温材料不同，反射隔热涂料层非常薄，几乎不阻挡墙体向外传递热量。当夜间室外温度低于室内温度时，采用反射隔热涂料的墙体向外散热的性能要好于采用一般保温材料的墙体。

对于西墙，还可以采用通风墙的隔热方式。利用空斗墙或空心圆孔墙板之类的墙体，在墙的上、下部分分别开排风口和进风口，利用热压和风压的综合作用，使间层内的空气流通，带走在墙体中传递的热量。在通风墙外还可设置遮阳构件，使墙体减少太阳辐射的吸收，以加强通风墙的降温作用。这种构造形式简单，造价便宜，尤其适合于在自然通风情况下，要求白天隔热好，夜间散热快的房屋。

2.1.2　门窗隔热保温及气密性

在影响建筑能耗的门窗、墙体、屋面、地面四大围护部件中，门窗的隔热性能最差，是影响室内热环境质量和建筑节能的主要因素之一。门窗的节能设计主要从以下几个方面进行考虑：

1. 控制窗墙面积比

窗户洞口面积与房间立面单元面积的比值就是建筑的窗墙面积比（X），计算公式为

$$X = \sum A_c / \sum A_w \tag{2-4}$$

式中　$\sum A_c$——同一朝向的外窗（含透明幕墙）及阳台门透明部分洞口总面积（m^2）；

$\sum A_w$——同一朝向的外窗总面积（含该外墙上的窗面积）（m^2）。

通常门窗的传热热阻比墙体的传热热阻要小得多，因此建筑的冷热负荷量随窗墙面积比的增加而增加。作为建筑节能的一项措施要在满足采光通风的条件下确定适宜的窗墙面积比。因全国各地气候条件不同，窗墙面积比应按各地建筑规范予以计算。例如，在《严寒和寒冷地区居住建筑节能设计标准》（JGJ 26—2018）中规定严寒地区居住建筑北向、东西向和南向窗户的窗墙面积比应分别控制在 0.25、0.30、0.45 以下。

2. 提高窗户的保温性能

提高窗户的保温性能可分为提高玻璃和窗框的保温性能两部分。

（1）节能玻璃　国内外实践证明，改变玻璃结构，将窗户玻璃由单玻变成双玻（或采用中空玻璃、真空玻璃），利用封闭空气间层增加热阻，玻璃的保温性能会明显提高。此外，玻璃镀膜也是近年来广泛采用的一种节能措施。镀膜玻璃有热反射玻璃和低辐射玻璃两大系列。热反射玻璃隔热好，但保温作用不大，适合夏热冬暖地区。低辐射玻璃在大大降低传热的同时有良好的透光性，对夏热冬冷地区节能效果较好。

（2）节能窗框　窗框是固定玻璃及窗户位置的主要支撑，在节能方面主要是在保证支

撑能力的前提下，降低其导热系数，提高其密封性能。现在市场使用的节能窗框主要有塑料（PVC）门窗、塑钢门窗、铝塑复合窗、钢塑叠合保温窗、钢塑共挤复合型材窗等。

3. 提高门窗的气密性

气密性是指可开启部分在正常锁闭状态时，外门窗阻止空气渗透的能力。在我国寒冷地区，由于室内外温差造成冬季室外的冷空气从窗缝隙进入室内，而室内的热空气从窗缝流到室外，引起热损失。

窗户主要有三部分缝隙：一是，窗户框扇搭接缝隙；二是，玻璃与框扇的嵌装缝隙；三是，门窗框与墙体的安装缝隙。为提高门窗的气密性，必须使用密封材料，常用的品种有橡胶条、塑料条和橡塑条等，还有胶膏状产品（在接缝处挤出成型后固化）和条刷装密封条。

2.1.3 建筑遮阳

夏季的太阳直射室内，特别在炎热的天气下，室内气温已经较高，若再受到太阳直接照射，人体会感到非常不舒适。采取遮阳措施，可以有效防止直射阳光进入室内而引起室内过热。

1. 遮阳的效果与影响

（1）防止室内气温上升　设置遮阳物之后，能够阻挡大量的太阳辐射热量进入室内，可有效防止室内气温上升，室温的波动变小，高温出现的时间也会推迟，这对空间房间减少冷负荷是很有利的，而且房间内的温度场分布均匀。通常用外遮阳系数作为衡量遮阳效果的指标。外遮阳系数是指在照射时间内，同一窗口（或透光围护结构部件外表面）在有建筑外遮阳和没有建筑外遮阳的两种情况下，接收到的两个不同太阳辐射量的比值。系数越小，通过窗户进入室内的太阳辐射量也就越小，防热效果越好。外遮阳系数的大小主要取决于遮阳形式、构造处理、安装位置、材料与颜色等。

（2）遮阳对采光和通风的影响　遮阳设施阻挡了阳光直射室内，可有效防止炫光的产生，有利于眼睛正常观察。但遮阳对光线的遮挡会降低室内的照度，一般会降低50%～70%，但照度分布会比较均匀。

遮阳设施也会对室内的气流起导向作用，设置得当，可改善室内的流场。但是，遮阳板的设置会使室内的气流受到阻挡，降低室内风速，在设计时需注意。

2. 遮阳的形式

作为有效降低建筑能耗的手段，遮阳主要分为建筑自遮阳、窗户内遮阳、窗户外遮阳和绿化遮阳等类型。可根据建筑类型、建筑高度、建筑造型等选择不同的遮阳方式。建筑自遮阳是通过建筑自身凹凸形成阴影区，将建筑的窗户部分置于阴影区之内，实现有效遮阳，常用的做法有：加宽挑檐、设置百叶挑檐、外廊、凹廊、阳台等。窗户内遮阳是指设置在建筑开口部位内部的遮阳装置总称，包括遮阳软卷帘、卷帘百叶等。绿化遮阳适合于低层建筑，可以根据窗户的朝向及需要遮阳时的太阳高度角、方向角并充分考虑通风、采光、观景等的需要，安排适当的位置、树种进行植树。

窗户外遮阳是通过窗外挂遮阳板达到遮阳的目的，按照遮阳方式的不同可分为水平遮阳、垂直遮阳、综合遮阳、挡板式遮阳与百叶遮阳等几种。窗户外遮阳比内遮阳对减少房间的太阳辐射得热更为有效，其遮阳效果与太阳位置、建筑物朝向等有关，各种遮阳方式都有其适用的不同朝向。

（1）水平遮阳　如图2-7a所示，位于建筑门窗洞口上部，水平伸出的板状建筑遮阳构件，适用于南向。利用冬季、夏季太阳高度角的差异确定出合适的出檐距离，使得屋檐在遮挡住夏季阳光的同时又不会阻隔冬季温暖的阳光。

（2）垂直遮阳　如图2-7b所示，位于建筑门窗洞口两侧，垂直伸出的板状建筑遮阳构件。在商业建筑中应用较多，由于它遮挡了从窗侧面射来的阳光，能够有效地遮挡高度角很低的光线，因此适用于东西方向和北向。

（3）综合遮阳　如图2-7c所示，在门窗洞口的上部设水平遮阳、两侧设垂直遮阳的组合式建筑遮阳构件。兼有水平遮阳和垂直遮阳的优点，对于各种朝向和高度角的阳光都比较有效，适用于东南、西南、正南向窗口的遮阳。

（4）挡板式遮阳　在窗口前方设置和窗面平行的挡板，或挡板与水平遮阳或垂直遮阳或综合遮阳组合而成的遮阳形式，能够有效地遮挡高度角较小、正射窗口的阳光，适用于东、西向附近的窗口。

（5）百叶遮阳　由若干相同形状和材质的板条，按一定间距平行排列成面状的百叶系统，并将其与门窗洞口面平行设在门窗洞口外侧的建筑遮阳构件，尤其适用于东、西向窗口。

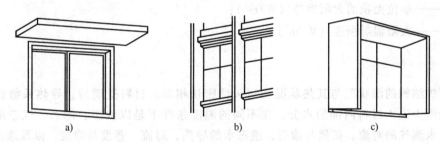

图2-7　建筑外遮阳固定构造

a）水平遮阳　b）垂直遮阳　c）综合遮阳

3. 太阳得热系数

太阳得热系数既包括直接透过的部分，也包括吸收后放出的热量。由透光围护结构的传热机理可知，通过透光围护结构而成为室内得热的太阳辐射包括两部分：一部分是，太阳光直接通过透光围护结构的得热；另一部分是，被围护结构吸收的得热经导热、对流与辐射的热传递而形成室内的得热。

太阳辐射总透射比表征的得热量包括两部分：一部分是，直接透过玻璃进入室内的太阳辐射热；另一部分是，玻璃及构件吸收太阳辐射热后，再向室内辐射的热量。此处，太阳辐射热的波长包括从300nm到2500nm的全波长范围。太阳辐射总透射比的计算公式为

$$g = \tau_e + q_i \tag{2-5}$$

式中　g——试样的太阳辐射总透射比（%）；

　　　τ_e——试样的太阳光直接透射比（%）；

　　　q_i——构件向室内侧的二次热传递系数（%）。

《民用建筑热工设计规范》（GB 50176—2016）中规定的太阳得热系数（SHGC）的计算公式为

$$SHGC = (\sum gA_g + \sum \rho A_f K/\alpha_e)/A_w \tag{2-6}$$

式中　g——透光部分的太阳辐射总透射比；

　　　A_g——透光部分面积（m^2）；

　　　ρ——非透光部分的太阳辐射吸收系数；

　　　K——非透光部分的传热系数 $[W/(m^2 \cdot K)]$；

　　　α_e——非透光部分外表面对流换热系数 $[W/(m^2 \cdot K)]$；

　　　A_f——非透光部分面积（m^2）；

　　　A_w——透光与非透光的面积之和（m^2）。

式（2-6）等号右边分为两个部分，其中 $\sum gA_g/A_w$ 为透光部分的得热，即为玻璃得热；$\sum \rho(K/\alpha_e)(A_f/A_w)$ 为非透光部分的得热，一般是门窗或幕墙的型材、胶与五金件等的得热。

SHGC 用来确定通过玻璃窗的太阳辐射得热。某些特定光谱和入射角的 SHGC 应当连同传热系数和其他能量性质包括在内。由于光学性质穿透比和吸收比随入射角而变化，根据 SHGC 的定义式，太阳得热系数是入射角的函数。一旦已知特定入射角的太阳辐射强度和 SHGC，太阳得热计算公式为

$$q_b = SHGC \cdot ED \tag{2-7}$$

式中　q_b——单位面积的太阳得热（W/m^2）；

　　　ED——太阳辐射强度（W/m^2）。

2.1.4　建筑防潮

外围护结构的湿状况与其热状况和耐久性密切相关。材料受潮后，导热系数将显著增大。这是因为进入材料内部的水分，在不同的温度条件下是以液态、固态、气态形式存在的，通过水蒸气的对流、扩散与渗透，液态水的导热、对流、蒸发与渗透，以及通过冰的导热、冻结和融化等错综复杂的方式造成了材料导热能力的加强。围护结构的湿状况同时影响着房间的卫生状况，潮湿的材料容易滋生霉菌等各种细菌，散布到室内空气中和物品上，危害人体健康，促使物品变质。所以在设计外围护结构时，不仅应考虑热状况，还应考虑湿状况。

1. 围护结构受潮的原因

围护结构受潮的原因包括吸湿受潮、冷凝受潮、淋水三种情况，在进行节能设计时，需着重考虑冷凝受潮的情况。在一定温度和压力的条件下，绝对湿度一定的湿空气受到冷却或膨胀，温度会下降，当温度降至其露点温度以下时，空气就容纳不了原有的水蒸气，其中一部分便凝结成水珠（露水）从空气中析出，这种现象称为结露。在大气压力一定、含湿量不变的条件下，未饱和空气因冷却而达到饱和时的温度，称为露点温度。由于空气温度下降而导致水蒸气凝结（结露）致使围护结构潮湿的现象称为冷凝受潮。

建筑结露现象按水蒸气析出的部位，通常分为表面结露和内部结露两类，相应地称为表面冷凝和内部冷凝。所谓表面冷凝是指湿空气与低于其露点温度的物体表面接触时，水蒸气就凝结成水珠从空气析出并附于物体表面上。表面冷凝取决于空气湿度，以及和湿空气相接触的物体表面温度。所谓内部冷凝，是指当水蒸气在蒸汽压差作用下通过围护结构时，被阻挡在低温部位，产生结露。内部冷凝取决于温差作用下的室内外湿流和低温一侧的隔湿状况。

围护结构内部水蒸气的迁移现象称为蒸汽渗透。可以用蒸汽渗透系数来描述，蒸汽渗透系数是指单位厚度的物体，在两侧单位水蒸气分压差作用下，单位时间内通过单位面积渗透的水蒸气量，单位为 $g/(m^2 \cdot h \cdot Pa)$。蒸汽渗透系数表明材料的透气能力，与材料的密实程度无关，材料的孔隙率越大，透气性就越强。

2. 围护结构受潮的控制措施

防止表面冷凝的基本原则：一是，增大围护结构的热阻，提高室内表面温度；二是，减少室内湿度，降低室内空气的露点温度。基于此，可以得到控制表面冷凝的主要措施如下：

（1）增加实体围护结构厚度　通过增加墙体厚度提高热阻，但不得低于其最小总热阻。围护结构的最小总热阻是指控制围护结构内表面温度不低于室内空气露点温度，以保证内表面不至于结露的最低限热阻。

（2）使用保温材料　利用保温材料来增加围护结构总热阻，进而提高其内表面温度，这是较常用、较经济的方法。

（3）设置空气间层　通过在围护结构内设置空气间层来增加其总热阻。封闭的空气间层不仅具有良好的绝热作用，而且具有很好的防潮性能。

（4）加强室内空气对流　通过增加室内空气对流，以提高室内表面温度。同时利用通风降低室内空气湿度，从而降低室内露点温度。

（5）使用调试材料　对于因湿度激增而引起的短期少量结露，可采用具有调湿性能的材料进行内表面装修。当湿度高时，材料吸湿，湿度低时，材料放湿，自动调节室内湿度，即使有少量结露也能被面层吸收，不会出现明显的水珠。

2.1.5　建筑能耗

建筑能耗是指在建筑使用过程中的能源消耗，主要包括建筑采暖、空调、热水供应、炊事、照明、电梯等。其中通过建筑围护结构（包括外墙、窗户、屋顶、地面）散失的能量和供热制冷系统损失的能量，又占据了整个建筑能耗的绝大部分。

实际工程中，建筑的外围护结构的构造通常比较复杂。不同结构体系的建筑外墙各个部位上的构件也不一样。例如，混合结构的墙体，墙上除了砌体材料外，还有钢筋混凝土的圈梁、构造柱和楼板。不同材料的传热系数不同，在外墙中就会存在某些局部易于传热的热流密集的通道，被称为"热桥"，会造成外墙整体热工性能的下降。在外墙面上，通常还需要开门开窗。对于建筑的热工性能来说，门窗由于所采用的材料一般较薄，传热热阻又较小，再加上门窗在开启时室内外的空气产生对流，从而产生热量的交换；在闭合时，经门窗缝中的空气对流依然可能存在，而且大量的辐射热会通过门窗传递。因此，门窗也是建筑外围护结构热工设计中一个非常敏感和重要的部分。据有关调查发现，在北方冬季采暖的建筑物中，窗户的传热耗热量加上其空气渗透耗热量，几乎占到全部耗热量的一半。

鉴于上述原因，在相关的建筑节能设计标准中，主要在以下四个方面进行控制，并针对不同的热工分区规定了各类相应的限制指标：

1) 控制建筑物的体形系数。体形系数定义为建筑物与室外大气接触的外表面积与其所包围的体积的比值。尽可能降低建筑物的体系系数，减少建筑外表面与外界热交换的面积。通常对于规整紧凑的建筑体形、外形没有过多凹凸变化的建筑物，其体形系数就越少。

2) 满足建筑物所在地区围护结构各部位传热系数限定值，其中外墙因为构造较为复杂，因此外墙的传热系数为包括结构性热桥在内的平均值。

3）控制窗墙面积比（窗户洞口与房间立面单元面积之比）与可见光的透射比。

4）提高外窗的遮阳系数。

在进行建筑节能设计时，如果所设计的建筑不能同时满足所有这些规定的刚性指标，就需要进行权衡判断。所谓权衡判断，是指假设一个形状、大小、朝向、内部的空间划分和使用功能都与所涉及的建筑完全一致的参照建筑，首先计算参照建筑在规定条件下的全年采暖和空调能耗，然后计算所涉及建筑在相同条件下的全年采暖和空调能耗。当所设计建筑的采暖和空调能耗不大于参照建筑的采暖和空调能耗时，判定围护结构的总体热工性能符合节能要求。反之，则通过不断调整设计参数并计算能耗，最终达到所设计建筑全年的采暖和空调能耗不大于参照建筑的能耗的目标。相对规定性指标方法，围护结构热工性能权衡判断属于性能化的设计方法。

■ 2.2 节能设计分析

2.2.1 节能设计软件概述

1. 软件特点

斯维尔节能设计软件 BECS 运行于 AutoCAD 平台，基于建筑节能系列标准对建筑工程项目进行节能分析，并通过规定性指标检查或性能性权衡评估给出分析结论，输出节能分析报告和报审表。软件使用三维建模技术，真实反映工程实际；通过识别转换和便捷的建模功能，使建模过程并不比二维绘图更复杂。建筑数据提取详细准确，计算结果快速可信，并依靠强大的检查机制，能够切实带来工作效率的提高。

该软件具有以下特点：

1）支持《民用建筑热工设计规范》（GB 50176—2016）隔热计算。

2）支持现行标准，遍及夏热冬暖、夏热冬冷和寒冷三大气候分区。

3）直接利用不同来源的图形数据，具有多种功能实现快速建模。

4）支持复杂建筑形态，如，天井、错层、封闭阳台等。

5）节能检查中重要检查项支持查看详表，并且对应到模型有助于查看超标部位。

6）支持通过求解温度场计算热桥的影响。

7）支持环境遮阳，即考虑自身、周边遮挡物对目标建筑的遮挡所形成的遮阳效果。

8）支持输出结露验算报告及围护结构内表面最高温度验算报告。

2. 节能设计软件安装和启动

下载软件安装包，运行 [图标] BECS2018.exe 程序进行安装。安装后，将在桌面上建立启动快捷图标"节能设计 BECS"（不同的发行版本名称可能会有所不同）。运行该快捷方式即可启动 BECS。

3. 节能设计软件操作流程

节能设计软件是用来做节能评估的工具，要做节能评估，首先需要一个可以认知的建筑模型。节能评估所关注的建筑模型是墙体、门窗和屋顶等围护结构构成的建筑框架以及由此围合成的空间划分，操作流程如图 2-8 所示。

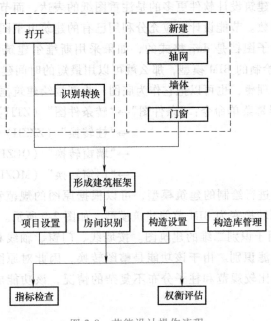

图 2-8　节能设计操作流程

节能设计的建筑模型是基于标准层的模型，它和设计图应该是一致的。导入各标准层的模型后，通过楼层表可以获得整个建筑的数字模型。全部的标准层模型可以集成在一个 dwg 文件，也可以把不同的标准层单独放入不同的文件，这两种方式都可以通过楼层表指定。

完成建筑模型导入后，需要设置围护结构的构造和房间的属性以及有关的气象参数。设置完毕后进行"节能检查"操作，即节能标准的规定性指标检查，如果得出的结论合格就可以输出节能报告和节能审查等表格，完成建筑节能设计。如果规定性指标不满足要求，可以通过调整围护结构热工性能使其达标，或者采用节能判定方法（性能性权衡评估法），对建筑物的整体进行节能计算，调整直至达到节能标准的规定和要求。

2.2.2　节能建筑模型

建筑几何模型是节能评估的基础，几何模型来源于建筑物的设计图。如果有原始设计的 BIM 模型，就可以大大减少重新建模的工作量。节能设计软件可以打开、导入或转换主流建筑设计软件的图纸或模型。然后根据建筑的框架可以搜索出建筑的空间划分，形成建筑几何模型，为后续的节能评估奠定基础。

建筑设计模型是节能评估的基础条件，从建筑模型上讲，节能分析只关心围护结构（即，墙体、梁、柱子、楼板、地面、门窗和屋顶），这些构部件在节能设计软件中都有方便的手段创建或从二维建筑图及 BIM 模型中转换获取。

2.2.3　建筑模型处理的手段

1. 建筑模型调整工具

节能设计所需要的图档不同于普通线条绘制的图形，而是由含有建筑特征和数据的围护结构构成，实际上是一个虚拟的建筑模型。需要指出，建筑设计软件和节能设计软件对建筑模型的要求是不同的，建筑设计软件更多的是注重图纸的表达，而节能设计软件注重围护结构的构造和建筑形体参数。节能设计中应充分利用已有的建筑电子图档。

常见的建筑设计电子图档是 dwg 格式的，如果采用斯维尔建筑设计软件、斯维尔 BIM 建模软件或 Revit 软件绘制的 BIM 模型，那么就可以用最短的时间建立建筑框架，直接打开即可；如果转换效果不理想，也可以把它作为底图，重新描绘建筑框架。

（1）图形转换　屏幕菜单命令："条件图"→"转条件图"（ZTJT）

　　　　　　　　　　　　　　→"柱转换"（ZZZH）

　　　　　　　　　　　　　　→"墙窗转换"（QCZH）

　　　　　　　　　　　　　　→"门窗转换"（MCZH）

对于采用传统手段进行绘制的建筑模型，可以根据原图的规范和繁简程度，通过"转条件图"命令进行识别转换变为 BIM 节能建筑模型，如图 2-9 所示。

1）"转条件图"用于识别二维的建筑图。按墙线、门窗、轴线和柱子所在的不同图层进行过滤识别。由于该功能是整图转换，因此对原图的质量要求较高，对于绘制比较规范和柱子分布不复杂的情况，该功能成功率较高，如图 2-10 所示。

转条件图

图 2-9　"转条件图"命令

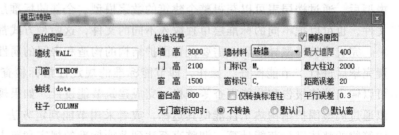

图 2-10　"模型转换"对话框

操作步骤如下：

① 按命令行提示，用光标在图中分别选取墙线、门窗（包括门窗号）、轴线和柱子，选取结束后，它们所在的图层名自动提取到对话框，也可以手动输入图层名。需要指出，每种构件可以有多个图层，但不能彼此共用图层。

② 设置转换后的竖向尺寸和容许误差。这些尺寸可以按占比最多的数值设置，因为后期批量修改十分方便。

③ 对于被炸成散线的门窗，需要设置门窗标识让系统能够识别，即大致在门窗编号的位置输入一个或多个符号，系统将根据这些符号代表的标识，判定这些散线转成门或窗。以下的情况不予转换：标识同时包含门和窗两个标识，无门窗编号，包含 MC 两个字母的门窗。

④ 框选准备转换的图形。一套工程图有很多个标准层图形，一次转多少取决于图形的复杂度和绘制得是否规范，最少一次要转换一层标准图，最多支持全图一次转换。

2）"柱转换"用于单独转换柱子。对于一张二维建筑图，如果想柱子和墙窗分开转换，最好先转柱子，再进行墙窗的转换，这会降低图纸复杂度和增加转换成功率，如图2-11所示。

图2-11 "柱转换"对话框

3）"墙窗转换"用于单独转换墙窗，原理和操作与"转条件图"相同，如图2-12所示。

图2-12 "墙窗转换"对话框

4）导入Revit屏幕菜单命令："条件图"→"导入Revit"（DRRV）。

该命令用于将Revit模型导入BECS进行节能计算。在操作该命令前需预先在Revit中，通过"导出斯维尔"插件将Revit模型生成中间数据".sxf"文件。

操作步骤如下：

① 启动Revit软件。单击"附加模块"选项卡中的"外部工具"下拉列表中"导出斯维尔"命令，如图2-13所示。

图2-13 "导出斯维尔"命令

② 弹出"导出斯维尔"对话框，选择需要导出的构件，另存Revit模型为sxf格式，如图2-14所示。

③ 回到节能设计软件，单击"导入Revit"命令，选择上一步保存的".sxf"文件，将模型导入节能设计软件中。

（2）柱子　柱子在建筑物中起承载作用。从热工学角度，位于外墙中的钢筋混凝土柱子由于热工性能差会引起围护结构的热桥效应，影响建筑物的保温效果甚至在墙体内表面发生结露。因此，节能设计中必须重视热桥带来的不利影响。节能设计软件支持标准柱、角柱和异形柱，并且可以自动计算热桥影响下的外墙平均传热系数 K 和热惰性指标 D，前提是已在模型中准确地布置了柱子。

图 2-14 "导出斯维尔"对话框

节能设计软件中只识别插入外墙中的柱子，独立的柱子不识别。墙体与柱相交时，墙被柱自动打断；如果柱与墙体同材料，墙体被打断的同时与柱连成一体。柱子的常规截面有矩形、圆形、多边形等。

改高度

1）建筑层高的屏幕菜单命令："墙柱"→"当前层高"（DQCG），如图 2-15 所示。

"改高度"（GGD）每层建筑都有一个层高，也就是本层墙柱的高度。可采用以下两种方法确定层高：

① 单击"当前层高"命令。在创建每层的柱子和墙体之前，设置当前默认的层高，这可以避免每次创建墙体时都去修改墙高（墙高的默认值为当前层高）。

② 单击"改高度"命令。在创建时接受默认层高，完成一层标准图后一次性修改所有墙体和柱子的高度。对节能设计软件熟练的用户，推荐用这个方法。

操作步骤如下：

① 单击"改高度"命令，根据命令栏提示选择需要修改的墙体、柱子或墙体造型，如图 2-16 所示。

图 2-15 "当前层高"选项

图 2-16 "改高度"选项栏

② 选择构件后，根据命令栏提示输入新的高度，完成高度修改操作。

2）"柱分墙段"的屏幕菜单命令："墙柱"→"柱分墙段"（ZFQD）。该选项将构造柱转成混凝土墙体以简化模型。

通常在建筑图中，设计师习惯于将剪力墙中用复杂的构造柱表达，由于柱子与墙体之间的关系过于复杂而给模型的计算带来困难。为解决此类问题，该选项将复杂构造柱转成混凝土墙体（剪力墙）。

（3）墙体 墙体作为建筑物的主要围护结构在节能中起到至关重要的作用，同时它还是围成建筑物和房间的元素，又是门窗的载体。在进行 BIM 模型处理过程中，墙体出现最多，节能计算无法正常进行下去往往与墙体处理不当有关。如果不能用墙体围成建筑物和有效的房间，节能设计将无法进行下去。

节能设计软件中墙体的表面特性：选中墙体时可以看到墙体两侧有两个箭头，它们表达了墙体两侧表面的朝向特性，箭头指向墙外表示该表面朝向室外与大气接触，箭头指向墙内表示该表面朝向室内。显然，外墙的两侧箭头一个指向墙内一个指向墙外，而内墙则都指向墙内，如图 2-17 所示。

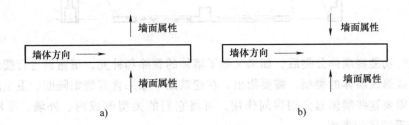

图 2-17 墙体表面特性示意图

a）外墙 b）内墙

1）墙体基线是墙体的代表"线"，也是墙体的定位线，通常和轴线对齐。墙体的相关判断都是依据于基线，比如墙体的连接相交、延伸和剪裁等。因此，互相连接的墙体应当使它们的基线准确交接。节能设计软件中规定墙基线不准重合，也就是墙体不能重合，如果在绘制过程产生重合墙体，软件将弹出警告，并阻止这种情况的发生。如果用 AutoCAD 命令编辑墙体时产生了重合墙体，系统将给出警告，并要求用户排除重合墙体。

建筑设计中通常不需要显示基线，但在节能设计中把墙基线打开有利于检查墙体的交接情况，如图 2-18 所示。

2）在节能设计软件中，按墙体两侧空间的性质不同，可将墙体分为以下四种类型：

① 外墙。与室外接触，并作为建筑物的外轮廓。

② 内墙。建筑物内部空间的分隔墙。

③ 户墙。住宅建筑户与户之间的分隔墙，或户与公共区域的分隔墙。

④ 虚墙。用于室内空间的逻辑分割（如，居室中的餐厅和客厅分界）。

虽然在创建墙体时可以分类绘制，但在创建过程中也不必为此劳神，节能设计软件中有更加便捷的自动分类方式。创建模型时不必关心墙体的类型，在随后的空间划分操作中系统将自动分类。

① "搜索房间"功能：自动识别指定内外墙。

② "搜索户型"功能：在搜索房间的基础上，将内墙转换为户墙。

③ "天井设置"功能：在搜索房间的基础上，将天井空间的墙体转换为外墙。

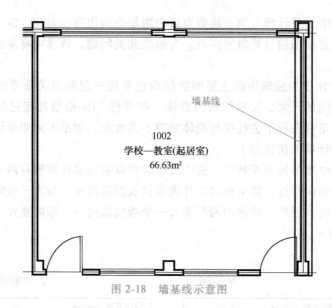

图 2-18　墙基线示意图

　　上述三种功能将墙体分类后，如果又做了墙体的删除和补充，请重新进行搜索。对象特性表中也可以修改墙体的类型。需要指出，在建筑图中如果含有装饰隔断、卫生间隔段和女儿墙，如果需要这些墙体起分割房间作用，可将它们的类型改成内、外墙。可用"对象查询"快速查看墙体的类型。

　　3）在创建墙体时，在对象特性表中有"材料"项，指墙体的主材类型，它与墙体的建筑二维表达有关，不同的主材有不同的二维表现形式，这是建筑设计的需要，这个"材料"与节能设计的"构造"无关。节能设计中用"工程构造"来描述墙体的热工性能，通过工程构造的形式按墙体的不同类型赋给墙体。在创建和整理节能模型时，墙体材料可以用来区分不同工程构造的墙体，无须名称一一对应，比如钢筋混凝土的墙体不一定要用"钢砼墙"材料，用砖墙也可以，只要在"工程构造"中设置钢筋混凝土的构造并赋给墙体就能进行正确的节能分析了。总之，建筑节能分析采用的墙体，其材料取决于工程构造赋予的构造，而与墙体的材料无关。

　　（4）门窗　门窗是 BIM 模型进行节能设计分析中的薄弱环节，也是节能审查的重点。建筑节能标准中对门和窗有不同的定义，强调透光的外门当作窗考虑。在节能设计软件中门窗属于两个不同类型的围护结构，二者与墙体之间有智能联动关系，门窗插入后在墙体上自动开洞，删除门窗则墙洞自动消除。因此，门窗的建模和修改效率非常高。

　　1）建筑专业以功能划分门窗，而节能设计则以是否透光来判定是门还是窗。节能标准中规定窗包含门的透光部分，因此模型处理过程中务必将门窗准确分清，尤其需要注意一些建筑条件图为满足图面表达而混淆了门窗的情况。节能设计软件中支持下列类型的门窗。

　　普通门的参数如图 2-19 所示，其中门槛高指门的下缘到所在的墙底标高的距离，通常就是离本层地面的距离，插入时可以选择按尺寸进行自动编号。

　　普通窗的参数与普通门类似，支持自动编号，如图 2-20 所示。

　　弧窗安装在弧墙上，并且和弧墙具有相同的曲率半径。弧窗的参数如图 2-21 所示。需要注意的是，弧墙也可以插入普通门窗，但门窗的宽度不能很大，尤其弧墙的曲率半径很小的情况下，门窗的中点可能超出墙体的范围而导致无法插入。弧窗的效果图如图 2-22 所示。

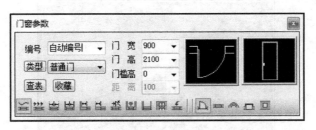

图 2-19　"普通门"参数对话框

图 2-20　"普通窗"参数对话框

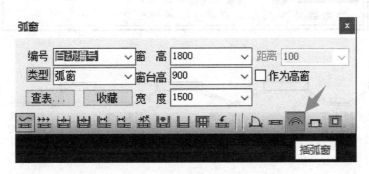

图 2-21　"弧窗"对话框

　　凸窗,即外飘窗,其参数,如图 2-23 所示。凸窗包括四种类型,其中矩形凸窗具有侧挡板特性,如图 2-24 所示。

　　2) "门窗整理"的屏幕菜单命令:"门窗"→"门窗整理"(MCZL)。批量修改门窗(只针对插入门窗所建立的普通门窗)在模型处理过程中非常有用,节能设计软件有三种不同的解决方法。方法一,利用插门窗对话框中的"替换"按钮;方法二,在特性表中进行修改;方法三,利用"门窗整理"命令,可以对门窗进行编辑和整理。方法一最强,不仅可以改编号、尺寸,还能将门窗类型互换;方法二、三只能改尺寸和编号。

　　门窗替换方法:在屏幕菜单命令栏中单击"插入门窗"命令,弹出"门窗参数"对话框,在右侧勾选准备替换的参数项,然后设置新门窗的参数,最后在图中批量选择准备替换的门窗,系统将用新门窗在原位置替换掉原门窗。对于不变的参数去掉勾选项,替换后仍保留原门窗的参数,例如,将门改为窗,宽度不变,应将宽度选项置空。事实上,替换和插入的界面完全一样,只是把"替换"作为一种定位方式,如图 2-25 所示。

图 2-22　弧窗的效果图

图 2-23　凸窗参数对话框

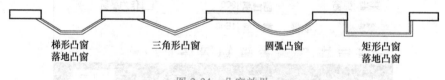

梯形凸窗　　　　　三角形凸窗　　　　　圆弧凸窗　　　　矩形凸窗
落地凸窗　　　　　　　　　　　　　　　　　　　　　　落地凸窗

图 2-24　凸窗效果

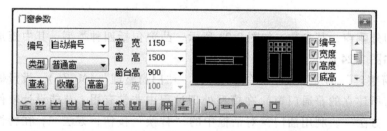

图 2-25　门窗替换

　　打开对象特性表（<Ctrl+>），然后用过滤选择选中多个门窗，在特性表中修改门窗的尺寸等属性，可达到批量修改的目的，如图 2-26 所示。

　　"门窗整理"命令汇集了门窗编辑和检查功能，将图中的门窗按类提取到表格中，鼠标点取列表中的某个门窗，视口自动对准并选中该门窗，此时，既可以在表格中也可以在图中编辑门窗。表格与图形之间通过"应用"和"提取"按钮交换数据。门窗整理列表中各部分所代表的内容，如图 2-27 所示。当表中的数据被修改后以红色显示，提示该数据修改过且与图中不同步，直到单击"应用"按钮同步后才显示正常。对某个编号行进行修改，则该编号下的全部门窗同步被修改。冲突检查可将规格尺寸不同，却采用相同编号的同类门窗提取出来，以便修改编号或改尺寸，如图 2-27 所示。

门窗整理

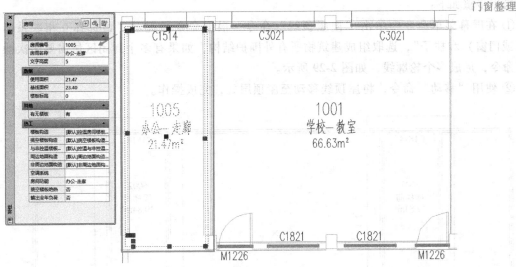

图 2-26 门窗特性表

（5）屋顶 屋顶是建筑物的重要围护结构，对于节能计算而言屋顶的数据和形态具有复杂多变的特点。在节能设计软件中屋顶的数据和工程量都自动提取无须人工计算。节能设计软件除了提供常规屋顶——平屋顶、多坡屋顶、人字屋顶和老虎窗，还提供了用二维线转屋顶的工具来构建复杂的屋顶。

1）生成屋顶线的屏幕菜单命令："屋顶"→"搜屋顶线"（SWDX），如图 2-28 所示。

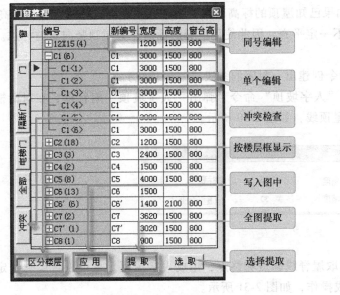

图 2-27 门窗整理列表

图 2-28 "搜屋顶线"命令

该命令是一个创建屋顶的辅助工具，搜索整栋建筑物的所有墙体，按外墙的外皮边界生成屋顶平面轮廓线。该轮廓线为一个闭合的多段线，用于构建屋顶的边界线。节能标准中规定，屋顶挑出墙体之外的部分对温差传热没有作用，因此屋顶轮廓线应与墙外皮平齐，也就是外挑距离等于零。

操作步骤如下：

① 在屏幕菜单命令中单击"搜屋顶线"命令，根据命令栏提示"请选择互相联系墙体（或门窗）和柱子"，选取组成建筑物所有外围护结构，如果有多个封闭区域需要多次操作该命令，形成多个轮廓线，如图2-29所示。

② 使用"移动"命令，将屋顶线移动至屋顶层处，完成操作。

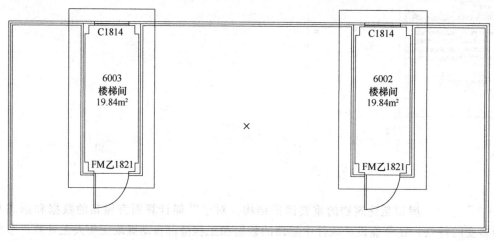

图 2-29　屋顶线平面图

2）生成人字坡顶的屏幕菜单命令："屋顶"→"人字坡顶"（RZPD）。

以闭合的多段线为屋顶边界，按给定的坡度和指定的屋脊线位置，生成标准人字坡屋顶。屋脊的标高值默认为0，如果已知屋顶的标高可以直接输入，也可以生成后编辑标高。

由于人字屋顶的檐口标高不一定平齐，因此使用屋脊的标高作为屋顶竖向定位标志。操作步骤如下：

① 先利用"搜屋顶线"命令创建出一封闭的多段线（屋顶线）。

② 单击屏幕菜单命令下的"人字坡顶"命令，弹出"人字坡顶"对话框，在对话框中输入屋顶参数信息，然后选择屋顶线，如图2-30所示。

图 2-30　"人字坡顶"对话框

3）根据命令栏提示分别点取屋脊线起点和终点，生成人字屋顶。也可以将屋脊线定在轮廓边线上生成单坡屋顶，完成操作，如图2-31所示。

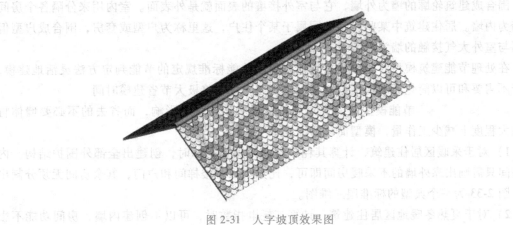

图 2-31　人字坡顶效果图

4）墙齐屋顶的屏幕菜单命令："屋顶"→"墙齐屋顶"（QQWD）。

以坡型屋顶做参考，自动修剪屋顶下面的外墙，使这部分外墙与屋顶对齐。人字屋顶、多坡屋顶和线转屋顶都支持本功能，人字屋顶的山墙由此命令生成。墙齐屋顶实例，如图 2-32 所示。

操作步骤如下：

① 必须在完成"搜索房间"和"建楼层框"后进行，坡屋顶单独作为一层。

② 将坡屋顶移至其所在的标高或选择"参考墙"，用参考墙确定屋顶的实际标高。

③ 选择准备进行修剪的标准层图形，屋顶下面的内、外墙被修剪，其形状与屋顶吻合。

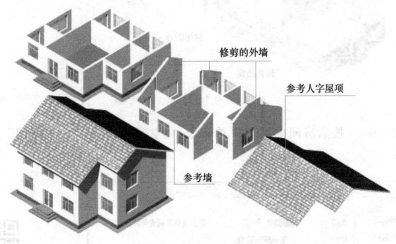

图 2-32　墙齐屋顶实例

2. 建筑模型的空间划分

建筑节能设计的目标就是要确保房间供冷和供热的能耗保持一个经济的目标，把常规意义上的房间概念扩展为空间，包含了室内空间、室外空间和大地等，围护结构把室内各个空间和室外分隔开，每个围护结构通过其两个表面连接不同的空间，这就是建筑节能 BIM 模型。

围合成建筑轮廓的墙为外墙，它与室外接壤的表面就是外表面。室内用来分隔各个房间的墙为内墙。居住建筑中某些房间共同属于某个住户，这里称为户型或套房，围合成户型但又不与室外大气接触的墙为户墙。

在处理节能建筑模型时，应根据具体采用的节能标准规定的节能判定方法灵活地建模，对于不需要和可以简化掉的内围护结构可以不建，这样将极大节省建模时间。

（1）模型简化　节能模型的简化对分析结果和结论没有影响，而省去的不必要墙体将在很大程度上减少工作量，模型简化的原则如下：

1）对于采暖区居住建筑，计算其耗热量、耗煤量指标时，创建出全部外围护结构。内部房间只需画出靠外墙的不采暖房间即可，比如不采暖楼梯间和户门，其余房间无须分割出来。图 2-33 为一个典型的标准层三维图。

2）对于夏热冬暖地区居住建筑，计算其耗电指数时，可以不创建内墙，房间功能不影响结果。

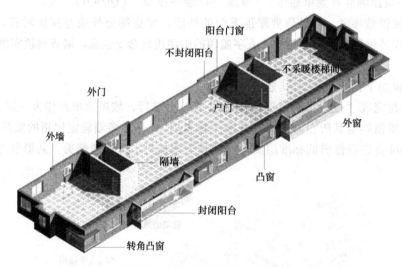

图 2-33　居住建筑标准层实例图

（2）搜索房间　搜索房间的屏幕菜单命令："空间划分"→"搜索房间"（SSFJ），如图 2-34 所示。

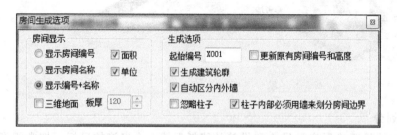

图 2-34　"房间生成选项"对话框

搜索房间

对话框选项和操作的解释如下（图 2-34）：

1）显示房间编号：用于以编号方式来显示房间对象。

2）显示房间名称：用于以名称方式来显示房间对象。

3）面积/单位：房间面积的标注形式，显示面积数值或面积加单位。

4）三维地面/板厚：房间对象是否具有三维楼板，以及楼板的厚度。

5）更新原有房间编号和高度：是否更新已有房间编号和高度。

6）生成建筑轮廓：是否生成整个建筑物的室外空间对象，即建筑轮廓。

7）自动区分内外墙：自动识别和区分内外墙的类型。

8）忽略柱子：房间边界不考虑柱子，以墙体为边界。

9）柱子内部必须用墙来划分房间边界：当围合房间的墙只搭到柱子边而柱内没有墙体时，软件系统会给柱内添补一段短墙作为房间的边界。

房间对象生成实例如图 2-35 所示。

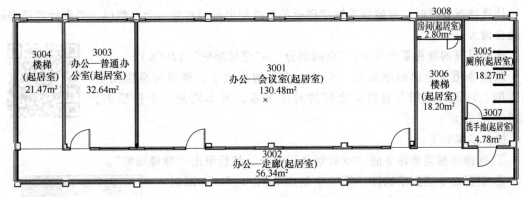

图 2-35　房间对象生成实例

"搜索房间"命令是建筑模型处理中一个重要命令和步骤，能够快速地将 BIM 模型中的空间划分成室内空间和室外空间，即创建或更新一系列房间对象和建筑轮廓；同时自动将墙体区分为内墙和外墙。

需要注意：建筑总图上如果存在多个区域要分别搜索（也就是一个闭合区域搜索一次，建立多个建筑轮廓）；如果某房间区域已经有一个（且只有一个）房间对象，该命令不会将其删除，只更新其边界和编号。

特别提示：房间搜索后系统记录了围成房间的所有墙体的信息，在节能计算中采用，请不要随意更改墙体，如果必须更改请务必重新搜索房间。有一种情况，在执行"搜索房间"命令后即便生成了房间对象也不意味这个房间能为节能所用，有些貌似合格的房间在进行"数据提取"等后续操作时系统会给出"房间找不到地板"等提示，一旦有提示请用"图形检查"命令或手动纠正，然后再进行"搜索房间"命令操作。那么如何直观区分有效和无效房间呢？选中房间对象后，能够为节能所接受的有效房间在其周围的墙基线上有一圈虚线边界，无效房间则没有此边界，如图 2-36 所示。

特别提示：

1）如果搜索的区域内已经有一个房间对象，则更新房间的边界，否则创建新的房间。

2）对于敞口房间，如，客厅和餐厅，可以用虚墙来分隔。

3）再次强调，修改了墙体的几何位置后，需重新进行房间搜索。

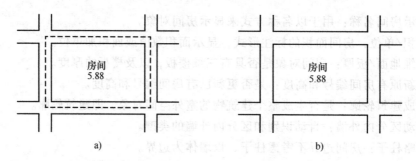

图 2-36　房间对象是否有效的区分

a）有效房间　b）无效房间

3. 建筑模型的楼层组合

计算动态能耗时，有屋顶或挑空楼板的标准层最好只对应一个自然层，否则计算所得的能耗会偏大。

建楼层框的屏幕菜单命令："空间划分"→"建楼层框"（JLCK）。

该命令用于全部标准层在一个 dwg 文件的模式下，确定标准层图形的范围，以及标准层与自然层之间的对应关系，其本质是一个楼层表，如图 2-37 所示。

建楼层框

操作步骤如下：

① 选择屏幕菜单命令的"空间划分"命令，然后单击"建楼层框"。

② 根据命令栏提示选择"第一个角点<退出>："，在图形外侧的四个角点中取一个点，然后命令栏提示"另一个角点<退出>："，向第一角点的对角拖拽光标，点取第二点，形成框住图形的方框。

③ 根据命令栏提示"对齐点<退出>："，点取从首层到顶层上下对齐的参考点，通常用轴线交点。

④ 根据命令栏提示"层号（形如：-1, 1, 3~7）<1>："，输入本楼层框对应自然层的层号。

⑤ 根据命令栏提示"层高<3000>："输入本层的层高，完成操作，如图 2-38 所示。

图 2-37　"建楼层框"命令

4. 建筑模型的图形检查

图形在识别转换和描图、导入 BIM 模型等操作过程中，难免会发生一些问题，如墙角连接不正确、围护结构重叠、门窗忘记编号等，这些问题可能阻碍节能分析的正常进行。为了高效率地排除图形和模型中的错误，节能设计软件提供了一系列检查工具。

图形检查

（1）闭合检查　屏幕菜单命令："检查"→"闭合检查"（BHJC）。

该命令用于检查围合空间的墙体是否闭合，光标在屏幕上动态搜索空间的边界轮廓，如果放置到建筑内部则检查房间是否闭合，放置到室外则检查整个建筑的外轮廓闭合情况。检查的结果是闭合时，沿墙线动态显示一闭合线，单击或按<Esc>键结束操作，如图 2-39 所示。

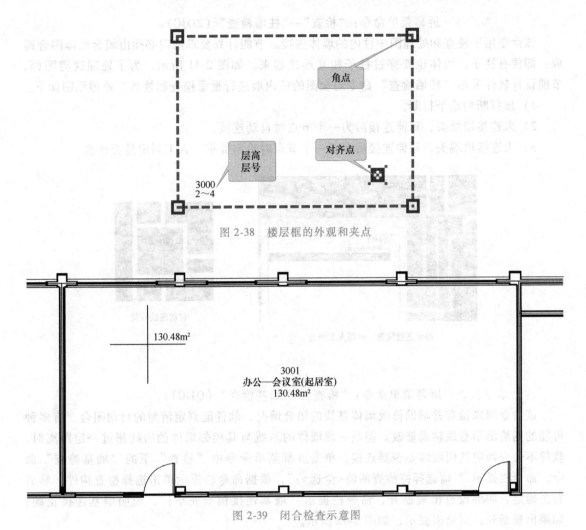

图 2-38　楼层框的外观和夹点

图 2-39　闭合检查示意图

（2）**重叠检查**　屏幕菜单命令："检查"→"重叠检查"（CDJC）。

该命令用于检查图中重叠的墙体、柱子、门窗和房间，可删除或放置标记。单击屏幕菜单命令中"检查"下的"重叠检查"命令，根据命令栏"**请选择待检查的墙、柱、门窗、房间及阳台对象<全选>：**"，单击选择需要检查的构件，然后右击确定。完成检查后如果有重叠对象存在，则弹出检查结果，如图 2-40 所示。

图 2-40　重叠检查的结果

（3）柱墙检查 屏幕菜单命令："检查"→"柱墙检查"（ZQJC）。

该命令用于检查和处理图中柱内的墙体连接。节能计算要求房间必须由闭合墙体围合而成，即便有柱子，墙体也要穿过柱子相互连接起来。如图 2-41 所示，为了处理这类图档，节能设计软件采用"柱墙检查"命令对全图的柱内墙进行批量检查和处理。处理原则如下：

1）该打断的给予打断。

2）未连接墙端头，延伸连接后为一个节点时自动连接。

3）未连接墙端头，延伸连接后多于一个节点时给出提示，人工判定是否连接。

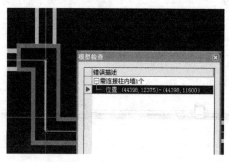 

自动连接修复

提示连接位置，但需人工判定

图 2-41 柱墙检查

（4）墙基检查 屏幕菜单命令："检查"→"墙基检查"（QJJC）。

该命令用来检查并辅助修改墙体基线的闭合情况，软件能判定清楚的自动闭合，有多种可能的则给出示意线辅助修改。但当一段墙体的基线与其相邻墙体的边线超过一定距离时，软件不会去判定这两段墙是否要连接，单击屏幕菜单命令中"检查"下的"墙基检查"命令，命令栏提示" 请选择待检查的墙<全选>:"，根据命令栏提示单击选择检查构件，然后右击确定。如果没有出现断开，命令栏提示"墙基连接检查完毕！"，说明墙基连接正确；如果出现断开，则给出提示，如图 2-42 所示。

图 2-42 墙基检查

（5）模型检查 屏幕菜单命令："检查"→"模型检查"（MXJC）。

在做节能分析之前，利用该命令检查建筑模型是否符合要求，如有错误或不恰当之处，则分析和计算无法正常进行。检查的项目有：超短墙、未编号的门窗、超出墙体的门窗、楼层框层号不连续、重号和断号以及与围合墙体之间关系错误的房间对象等。检查结果将提供一个清单（图 2-43），这个清单与图形有关联关系，用鼠标点取提示行，图形视口将自动对准到错误之处，可以即时修改。

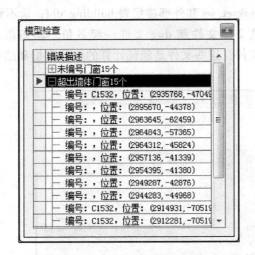

图2-43 模型检查的错误清单

5. 建筑模型的观察

（1）关键显示 屏幕菜单命令："检查"→"关键显示"（GJXS）。

该命令用于隐藏与节能分析无关的图形对象，只显示有关的图形。目的是简化图形的复杂度，便于处理模型，如图2-44所示。

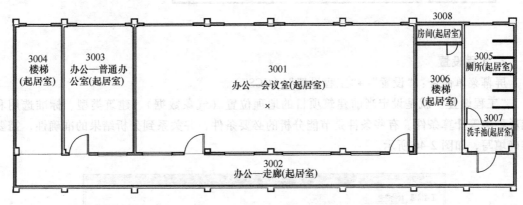

图2-44 "关键显示"示意图

（2）模型观察 屏幕菜单命令："检查"→"模型观察"（MXGC）。

该命令用渲染技术实现 BIM 热工模型的真实模拟，用于观察 BIM 热工模型的正确性，柱梁热桥部位，查看建筑数据以及不同部位围护结构的热工性能。进行观察前必须正确完成以下设计：建立标准层，完成搜索房间并建立有效的房间对象，创建除了平屋顶之外的坡屋顶，建立楼层框（表）。查看到的正确建筑模型和数据，如图2-45所示。

2.2.4 节能设置管理

1. 文件管理

本软件要求将一个项目即一幢建筑物的图纸文件统一置于一个文件夹下，因此，请勿把不同工程的文件放在一个文件夹下。除了用户的 dwg 文件，软件本身还要产生一些辅助文件，包括工程设置 swr_workset. ws 和外部楼层表 building. dbf，请不要删除工程文件夹下的文件。备份的时候需要把这 2 个文件和 dwg 文件一起备份。动态能耗分析还会产生 ＊. bdl、＊. inp、＊. log 和 ＊. out 文件，这些文件是能耗计算的中间数据和结果，可以不必备份。

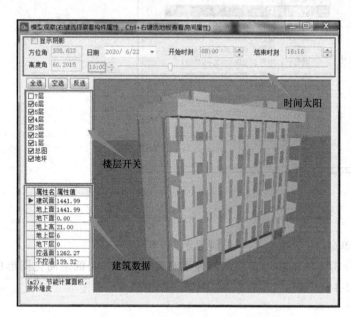

模型观察

图 2-45 "模型观察"对话框

2. 工程设置

屏幕菜单命令："设置"→"工程设置"（GCSZ）。

"工程设置"就是设定当前建筑项目的地理位置（气象数据）、建筑类型、标准选用和能耗种类等计算条件。有些条件是节能分析的必要条件，并关系到分析结果的准确性，需要准确填写，如图 2-46 所示。

图 2-46 "工程设置"对话框

"工程设置"对话框由两个界面组成："工程信息"界面和"其他设置"界面。"工程信息"界面设置一些基本信息，"其他设置"中设置计算的一些特殊参数。"工程信息"设置的内容如下：

1）地理位置。这个选项决定了工程的气象参数。单击地理位置后的·，在下拉列表框中单击"更多地点…"进入省和地区列表找到工程所在的城市，如果名单中没有，可以选择气象条件相似的邻近城市作为参考。

工程名称、建设单位、设计单位和设计编号可填可不填，不会影响检查和计算，如果填写了节能报告中就会输出。

2）建筑类型。确定建筑物是居住建筑还是公共建筑。

3）标准选用。根据工程所在城市和建筑类型，选择工程所采用的节能标准或细则，单击右侧按钮可查看备选标准的详细描述。

4）能耗种类。能耗计算的种类决定"能耗计算"命令所用的计算方法，可供选择的种类由所选取的节能标准确定。

5）平均传热系数。根据选用节能标准的不同，目前系统支持四种外墙热桥计算方法，即简化修正系数法、面积加权平均法、线性传热系数（节点建模法）、线性传热系数（节点查表法）。软件将按标准指定的方法自动匹配计算方法，也可以从下拉列表中选择其他的计算方法。

当采用"线性传热系数（节点查表法）"时，"线性热桥设置"按钮被激活，可以单击此按钮进入设置对话框，按热桥部位选取不同的热桥形式。

不勾选"平均传热系数"时，外墙只计算主体热工，不考虑热桥的影响。

6）防火隔离带。勾选防火隔离带后，单击"设置"进入对话框可设置屋顶、外墙的防火隔离带宽度及防火隔离带所采用的构造。

7）太阳辐射吸收系数。太阳辐射吸收系数对南方地区影响较大，这个参数与屋顶、外墙的外表面颜色和粗糙度有关，可以单击右侧的按钮选取合适的数值。

8）北向角度。北向角度就是北向与 WCS-X 轴的夹角。通常，北向角度是 WCS-X 轴逆时针转 90°，即"上北下南左西右东"，不过也有些项目不是正南正北的，轴网可以仍然按 X-Y 方向画，再从 WCS-X 轴逆时针转北向指向，这个夹角就是北向角度。如果图纸中绘有指北针，也可以勾选"自动提取指北针"读取北向角度。

"其他设置"界面中有关设置内容如下：

1）上下边界。当一幢建筑物的下部是公共建筑上部是居住建筑时，因为适用不同的节能标准，必须分别单独进行节能分析。同时，因为二者的结合部不与大气接触，计算中可以视公共建筑的屋顶和居住建筑的地面为绝缘构造。在进行公共建筑节能分析时设置"上边界绝缘"，进行居住建筑节能分析时设置"下边界绝缘"。

2）室内外高差。设定首层的室内外高差。严寒和寒冷地区居建标准才会显示此设置项，用于确定地下墙、地面当量传热系数的取值。

3）楼梯间采暖。当建筑类型为居住建筑时，设置楼梯间是否采暖，此项为全局设置。

4）首层封闭阳台挑空。当建筑类型为居住建筑时，设置首层封闭阳台挑空，即不落地，此项也是全局设置。

5）启用环境遮阳。设置工程是否考虑环境遮阳，当启用环境遮阳后，"环境遮阳"计算的遮阳系数可用于外窗热工的检查。

6）输出平面简图到计算书。此项设置为"是"，即可将热工模型的平面简图输出到节能报告中。三维轴测图则可通过"三维组合""模型观察"命令右键保存图片后输出到节能报告。

3. 热工设置

BIM模型建立后，还需完成下述工作将其变为热工BIM模型才能进行节能分析：设定房间的功能、外窗遮阳和门窗类型以及其他必要的设置，然后设置围护结构的构造等。还应当考虑建筑构件的热工属性设置，热工属性有三种设置方法：设置全部热工属性；按类型设置热工属性；按个体（局部）设置热工属性。

（1）工程构造 屏幕菜单命令："热工设置"→"工程构造"（GCGZ）。

构造是指建筑围护结构的构成方法，一个构造由单层或若干层一定厚度的材料按一定顺序叠加而成，组成构造的基本元素是建筑材料。

为了设计的方便和思路的清晰，节能设计软件提供了基本"材料库"，并用这些材料根据各地的节能细则建立了一个丰富的"构造库"，可以将这个库看作是系统构造库，其特点是按地区分类并且种类繁多。当进行一项节能工程设计时，软件采用"工程构造"的方式为每个围护结构赋给构造，"工程构造"中的构造可以从"构造库"中选取导入，也可以即时手动创建。

工程构造用一个表格形式的对话框管理工程用到的全部构造。每个类别下至少要有一种构造。如果一个类别下有多种构造，则居于第一位者作为默认值赋给模型中对应的围护结构，位居第二位后面的构造需采用"局部设置"赋给围护结构。

工程构造分为"外围护结构""地下围护结构""内围护结构""门""窗""材料"六个页面。前五项列出的构造赋给当前建筑物对应的围护结构，"材料"项则是组成这些构造所需的材料以及每种材料的热工参数。构造的编号由系统自动统一编制。

对话框下边的表格中显示当前选中构造的材料组成，材料的顺序是从上到下或从外到内的。右边的图示是根据左边的表格绘制而成的，单击图示后可以用鼠标滚轮进行缩放和平移，如图2-47所示。

1）新建构造与复制构造。在已有构造行上右击，在弹出的菜单中选择"新建构造"创建空行，然后在新增加的空行内单击"类别\名称"栏，其末尾会出现一个按钮，单击按钮可以进入系统构造库中选择构造；"复制构造"则复制上一行内容，然后进行编辑，如图2-48所示。

2）编辑构造和更改名称。直接在"类别\名称"栏中修改。添加、复制、更换、删除材料：单击要编辑的构造行，在对话框下边的材料表格中右击选择准备编辑的材料，在"添加、复制、更换、删除"中选择一个编辑项。添加和更换这两个编辑项将切换到材料页中，选定一个新材料后，单击下边的"选择"按钮完成编辑，如图2-49所示。

3）改变厚度。直接修改表格中的厚度值，不要忘记单击该构造的平均传热系数和热惰性指标列内末尾的按钮更新数值，或手动键入修正后的数值。允许材料厚度为0。

在实际工程中，可能会遇到工程构造材料不参与计算或材料参数需要后期认为调整的情况，这两种情况下，需要软件在工程构造设置时，允许材料厚度等参数为0；输出报告时，构造依然输出，而相应的厚度、导热系数等参数项留空。

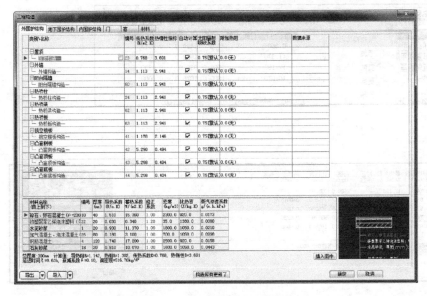

图 2-47　"工程构造"对话框

工程构造

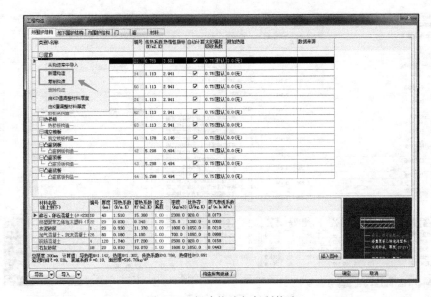

图 2-48　新建构造与复制构造

　　考虑上述原因，进行调整，可以在工程材料厚度一栏输入数值为 0，如图 2-50 所示。

　　4）保温材料显示。对保温材料进行高亮显示，方便查看和修改。

　　5）修正系数设置。资料中给出的保温材料导热系数一般是实验值，不能直接应用，需要根据材料应用的部位乘以一个修正折减系数。在构造组成表中单击修正系数一栏，末尾会出现"修正系数参考"按钮，单击这个按钮可调出常用保温材料的修正系数表格，本地节能标准中规定了修正系数则调用本地的，如本地没有则调用《民用建筑热工设计规范》（GB 50176—2016），如图 2-51 所示。

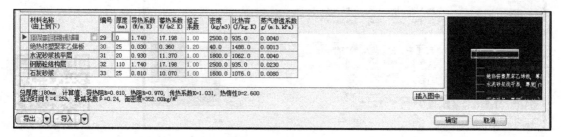

图 2-49　围护结构的构造表

图 2-50　构造材料修改

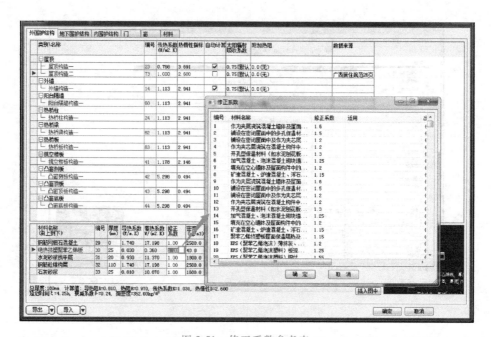

图 2-51　修正系数参考表

6）调整材料顺序。选中一个材料行，光标移到行首时会出现上、下的箭头，此时按住鼠标上、下拖拽即可改变材料的位置顺序。

可以更改材料页中的材料参数，但更改将影响工程中采用此材料的所有构造。

7）参数检查。用于检查工程材料的蓄热系数与理论计算值不一致的情况。勾选参数检查，当蓄热系数与理论计算值不一致时，其数值呈现其他颜色，如图 2-52 中所示的箭头所指灰色数字。

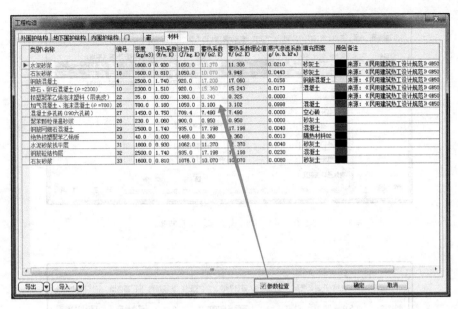

图 2-52　工程构造库"材料"界面

（2）门窗类型　屏幕菜单命令："设置"→"门窗类型"（MCLX）。

该命令按类型设置、检查和批量修改门窗的热工参数，以门窗编号作为类型的关键字，设置开启比例、玻璃距离外侧、气密性等级和外门窗构造等。外窗的遮阳由"遮阳类型"设置和管理，相同编号的外窗会有不同的遮阳形式。

透光的玻璃幕墙在节能计算中按窗对待。在节能设计软件中幕墙和窗默认按对象类型区分，窗和幕墙的区别在于气密性和开启面积的要求不同。假如用插入大窗的方法构建玻璃幕墙，应选取相应编号的一行右击"窗改幕墙"。如果直接创建玻璃幕墙，则不需其他的设置，门窗类型自动识别外窗和幕墙。

门窗类型中提供了两种门窗开启面积的设置模式：按开启比例输入和按开启尺寸输入。

1）按开启比例输入。"按开启比例输入"为软件默认的方式。在此模式下，直接在对话框中输入门窗开启比例，软件自动根据对应的外窗面积，计算可开启面积。按<Ctrl>键或<Shift>键可以选择多个门窗进行批量修改，如图 2-53 所示。

2）按开启尺寸输入。在此模式下，提供了两种输入方式：输入门窗的开启长度或面积、开启宽度或数量，从而得到门窗的开启面积。门窗开启长度、开启宽度、开启面积等参数可以从门窗大样图中选取。"开启比例"栏为不可编辑状态，如图 2-54 所示。

选中要编辑的门窗，在"开启长度（m）/面积（m²）"或"开启宽度（m）/数量"列的末尾出现灰色的小方框，如图 2-54 所示，单击小方框按钮，命令行提示下列分支命令可操作"请选择闭合 PL 线或［尺寸（D）/绘制（F）］<退出>："，跟进提示选择已有的闭合 PL 线，读取 PL 线围合的区域面积，作为门窗的开启面积。

选择"尺寸（D）"，在图中点取两点，可作为开启长度或开启宽度。

选择"绘制（F）"，在图中绘制矩形或多边形，以矩形或多边形面积作为门窗开启面积。

图 2-53 "门窗类型"对话框

门窗编号	开启比例	开启长度(m)/面积(㎡)	开启宽度(m)/数量	窗框影响	气密性等级	玻璃距离外侧(m)	外门窗类型	外门窗构造
1219	0.500	1.14	1	实际开启100%	3	0	普通外窗	[默认]12A
1719	0.500	1.615	1	实际开启100%	3	0	普通外窗	[默认]12A
1819	0.500	1.71	1	实际开启100%	3	0	普通外窗	[默认]12A
2119	0.500	1.995	1	实际开启100%	3	0	普通外窗	[默认]12A
2124	0.500	2.467	1	实际开启100%	3	0	普通外窗	[默认]12A
2825	0.500	3.467	1	实际开启100%	3	0	普通外窗	[默认]12A
C0615	0.500	0.42	1	实际开启100%	3	0	普通外窗	[默认]12A

● 按开启尺寸输入　○ 按开启比例输入　　多行修改　　确　定　　取　消

图 2-54 开启面积按开启尺寸输入

说明:选择"闭合 PL 线"和"绘制"两种方式,对话框中的数值以"面积/数量"的方式表达,只有选择"尺寸"的方式,对话框中的数值以"开启长度/开启宽度"的方式表达。

考虑窗套对外窗形成的遮阳效果时,可在"门窗类型"对话框的"玻璃距离外侧"列中设置玻璃距外墙皮的长度,如图 2-55 和图 2-56 所示。

门窗编号	开启比例	气密性等级	玻璃距外侧(m)	外门窗类型	外门窗构造
C0615	0.500	4	0.2	普通外窗	[默认]12A钢铝单框双玻窗（平均）
C1212	0.500	4	0.2	普通外窗	
C1215	0.500	4	0.2	普通外窗	
C1216	0.500	4	0.2	普通外窗	
C1510	0.500	4	0.2	普通外窗	
C1719	0.500	4	0.2	普通外窗	[默认]12A钢铝单框双玻窗（平均）
C2113	0.500	4	0.2	普通外窗	[默认]12A钢铝单框双玻窗（平均）
C2610	0.500	4	0.2	普通外窗	[默认]12A钢铝单框双玻窗（平均）
C3610	0.500	4	0.2	普通外窗	[默认]12A钢铝单框双玻窗（平均）
透光门-M09	0.500	4	0	普通外窗	[默认]12A钢铝单框双玻窗（平均）
透光门-M18	1.000	4	0	普通外窗	[默认]12A钢铝单框双玻窗（平均）

当玻璃距离外墙皮的值不为0时,软件自动考虑窗套对外窗遮阳作用

图 2-55 设置玻璃距外墙皮的长度

图 2-56　自动生成平板遮阳

特别提示：

1）设置玻璃距外侧距离时，单位为 m。

2）当对外窗设置了百叶遮阳或活动外遮阳时，此项设置无效。

（3）遮阳类型　节能设计软件中提供了若干种固定遮阳形式的设置，有平板遮阳、百叶遮阳、活动遮阳等常见外遮阳类型，如图 2-57 所示。

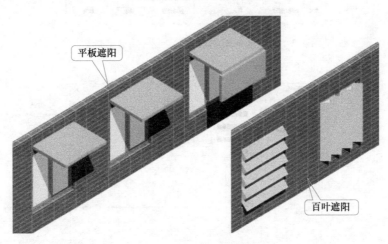

图 2-57　外遮阳形式

"遮阳类型"命令用于命名和添加多种遮阳设置，然后赋给外窗，可反复修改。描述平板遮阳的参数如图 2-58 所示。

描述百叶遮阳的参数，如图 2-59 所示。

描述活动遮阳的参数，如图 2-60 所示。

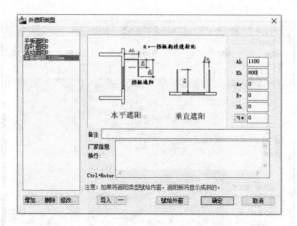

图 2-58　"外遮阳类型"对话框——平板遮阳

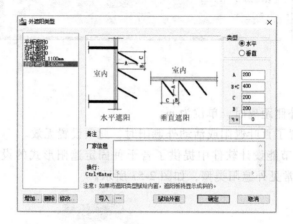

图 2-59　"外遮阳类型"对话框——百叶遮阳

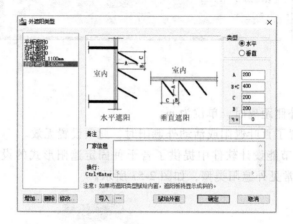

图 2-60　"外遮阳类型"对话框——活动遮阳

　　外遮阳类型与计算参数是相对应的，参数必须在"遮阳类型"对话框中设置或修改。当选中外窗时，在 AutoCAD 的特性表中可以对外窗的遮阳类型进行修改，当外遮阳编号为空时，表示外窗无外遮阳措施，如图 2-61 所示。

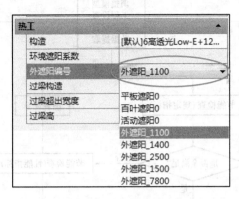

图 2-61　特性表中修改外遮阳类型

在计算采暖地区居住建筑的封闭阳台得热时，封闭阳台隔墙上的窗自动考虑了阳台形成的遮阳。非封闭阳台对下层窗形成的遮阳，可在"外遮阳类型"中新建"平板遮阳"，并赋予门窗。

（4）房间类型　屏幕菜单命令："设置"→"房间类型"（FJLX）。

"房间类型"是用于管理房间类型的命令，当系统给定的房间类型不能满足需求时，采用该功能扩充。设置夏季设计室温、冬季设计室温、新风量等参数来定义新的房间，对设置好的房间类型，采用前述的"房间设置"方法进行设置，即在房间对象的特性表中指定具体的房间，如图 2-62 所示。

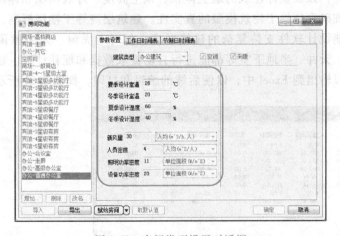

图 2-62　房间类型设置对话框

2.2.5　节能分析计算

1. 节能分析流程
节能分析流程，如图 2-63 所示。

2. 数据提取
屏幕菜单命令："计算"→"数据提取"（SJTQ）。

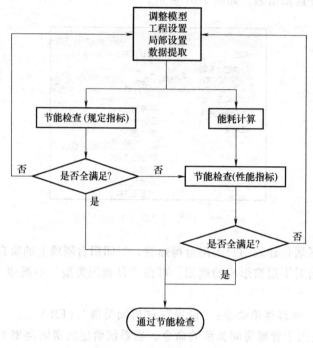

图 2-63 节能分析流程

该命令在建筑模型中按楼层提取详细的建筑数据，包括建筑面积、外侧面积、挑空楼板面积、屋顶面积等，以及整栋建筑的地上体积、地上高度、外表面积和体形系数等。

建筑数据的准确度依赖于建筑模型的真实性。建筑层高等于楼层框高，外表面积等于外墙面积之和。节能设计软件支持复杂的建筑形态，如对老虎窗、人字屋顶、多坡屋顶、凸窗、塔式、门式、天井、半地下室等都能进行自动提取数据和能耗计算。建筑数据表格可以插入图中，也可以输出到 Excel 中，以便后续的编辑和打印，如图 2-64 所示。

图 2-64 "建筑数据提取"对话框

数据提取

当需要手动修正建筑数据的特殊情况下，"体形数据结果"下的数据可以手动输入变更。如果修改的是外表面积或地上体积，将影响体形系数的大小，单击"外表面积/地上体积"按钮则可更新体形系数。此外，节能分析以最后的数据为准，因此每次重新提取或更改数据都要单击"确定保存"按钮。第一次提取的数据是自动计算的结果，以后提取的模型数据都需要单击"计算"按钮才能从模型中提出数据，否则列出的是上次的数据。

3. 能耗计算

屏幕菜单命令："节能设计"→"能耗计算"（NHJS）。

该命令根据所选标准中规定的评估方法和所选能耗种类，计算建筑物不同形式的能耗。用于在规定性指标检查不满足时，采用综合权衡判定的情况。标准和能耗种类可以用"工程设置"命令选择。

能耗计算

（1）评估方法（见表2-1）

表2-1 评估方法

评估方法	定义	典型标准
限值法	设计建筑能耗不得大于标准给定的限值	《夏热冬冷地区居住建筑节能设计标准》（JGJ 134—2010）
参照对比法	设计建筑能耗不得大于参照建筑能耗	《公共建筑节能设计标准》（GB 50189—2015）
基准对比法	设计建筑能耗不得大于基准建筑能耗的50%	《湖南省居住建筑节能设计标准》（DBJ 43/001—2004）

（2）能耗种类（见表2-2）

表2-2 能耗种类

能耗种类	典型应用范围
全年采暖和空调总耗电量	公共建筑
采暖空调耗电指数	夏热冬暖北区居住建筑
空调耗电指数	夏热冬暖南区居住建筑
采暖耗电指数	—
采暖空调耗电量	夏热冬冷和夏热冬暖居住建筑
空调耗电量	夏热冬暖南区居住建筑
采暖耗电量	—
耗冷耗热量	公共建筑
耗冷量	—
耗热量	—
耗热量指标	采暖地区居住建筑
耗煤量指标	采暖地区居住建筑

4. 节能检查

屏幕菜单命令："计算"→"节能检查"（JNJC）。

当完成建筑物的工程构造设置和能耗计算后，执行"节能检查"命令检查 BIM 模型相关指标信息并输出两组检查数据和结论，分别对应规定性指标检查和性能权衡评估。在表格下端选取"规定指标"，则是根据工程设置中选用的节能设计标准对建筑物逐条进行规定性指标的检查并给出结论。如果选取"性能指标"则是根据标准中规定的性能权衡判定方式进行检查并给出结论。当"规定指标"的结论满足时，可以判定为节能建筑。在"规定指标"不满足而"性能指标"的结论满足时，也可判定为节能建筑。

节能检查输出的表格中列出了检查项、计算值、标准要求、结论和可否性能权衡，其中"可否性能权衡"是表示该项指标超出规定性值，性能权衡判定时该检查项是否可以超标，"可"表示可以超标，"不可"表示无论如何不能超标。

节能检查中，有些检查项的数据量过大或复杂，因此采用了展开检查的方式，即"节能检查"表中给出该项的总体判定，全部的细节数据则打开详表检查，如开间窗墙比（即窗墙面积比）、外窗热工、封闭阳台等项，并支持输出详表到 Word 或 Excel 中。很多检查项支持在表格中点取该项自动对准到图中，以便将数据与模型相对应，为调整设计提供方便。

当"规定指标"或"性能指标"二者有一项的结论为"满足"时，说明该建筑已经通过节能设计，可以输出报告和报表，如图 2-65 所示。

图 2-65 "节能检查"对话框

2.2.6 分析报告

1. 节能报告

屏幕菜单命令："计算"→"节能报告"（JNBG）。

完成节能分析后，采用该功能输出 Word 格式的《建筑节能设计报告书》。除了个别需要设计者填写的部分外，报告书内容从模型和计算结果中自动提取数据填入，如建筑概况、工程构造、指标检查、能耗计算以及结论等，如图 2-66 所示。

建筑节能设计报告书

公共建筑—规定性指标

甲类

工程名称	××小学教学楼案例工程
工程地点	广西-南宁
设计编号	20191212
建设单位	××建设有限公司
设计单位	××设计院
设计人	
校对人	
审核人	
设计日期	2019年07月31日

采用软件	节能设计BECS2018
软件版本	
研发单位	
正版授权码	

图 2-66 《建筑节能设计报告书》

同时还可以自动生成围护结构的材料组成，方便设计师和审图人员进行核查，如图 2-67 所示。

● 四、构造材料组成

1. 屋顶构造(1)：挤塑聚苯板20+加气混凝土80+钢筋混凝土120（由外到内）
   碎石、卵石混凝土(ρ=2300)(40mm)+挤塑聚苯板(ρ=25-32)(20mm)+水泥砂浆(20mm)+加气混凝土、泡沫混凝土(ρ=700)(80mm)+钢筋混凝土(120mm)+石灰砂浆(20mm)
2. 外墙构造(1)：外挤塑聚苯板20+钢筋混凝土200（由外到内）
   水泥砂浆(20mm)+挤塑聚苯板(ρ=25-32)(20mm)+水泥砂浆(20mm)+钢筋混凝土(200mm)+石灰砂浆(20mm)
3. 外窗构造(1)：12A 钢铝单框双玻窗(平均)
   传热系数3.900W/(m²·K)，自身遮阳系数0.750
4. 周边地面-控温构造(1)：混凝土120不保温地面
   水泥砂浆(20mm)+钢筋混凝土(120mm)

图 2-67 构造材料组成

2. 报审表

屏幕菜单命令："计算"→"报审表"（BSB）。

各地节能审查部门一般都要求报审节能设计时提供各种表格，如报审表、备案表和审查表等，该命令自动输出 Word 格式的表格，如图 2-68 所示。

广西夏热冬暖地区公共建筑围护结构节能设计、审查表(按规定性指标)												

项目名称：	案例工程			项目编号：								
建设单位：	×× 建筑有限公司			设计单位(盖章)：				审图单位(盖章)：				
				设计人：				审查人：				
层数：(地上) 4				(地下) 1				总建筑面积(m²): 991.47				

序号	审查内容		规定指标						设计指标	主要节能措施	节能判断(审查人填写)
1	屋面	传热系数 $K[W/(m^2·K)]$	$K\leq0.5,D\leq2.5$ $K\leq0.8,D>2.5$						$K=0.77$ $D=3.69$	挤塑聚苯乙烯泡沫塑料(带表皮)	
2	外墙(包括非透明幕墙)	传热系数 $K[W/(m^2·K)]$	$K\leq0.8,D\leq2.5$ $K\leq1.5,D>2.5$						$K=1.11$ $D=2.94$	挤塑聚苯乙烯泡沫塑料(带表皮)	
3	室外架空或挑板	传热系数$K[W/(m^2·K)]$	$K\leq1.5$						0.00		
4	屋顶透明部分(水平天窗、采光顶)	面积占屋顶总面积的比例	≤屋顶总面积的20%						0.00		
		传热系数$K[W/(m^2·K)]$	≤3.0						0.00		
		太阳得热系数SHGC	≤0.30						0.00		
5	外窗(包括透明幕墙)	东向 窗墙面积比C	$C\leq0.2$	$0.2<C$ ≤0.3	$0.3<C$ ≤0.4	$0.4<C$ ≤0.5	$0.5<C$ ≤0.6	$0.6<C$ ≤0.7	$0.7<C$ ≤0.8	$C>0.8$ 0.00	12A钢铝单框双玻窗(平均)	
		传热系数K	≤5.2	≤4.0	≤3.0	≤2.7	≤2.5	≤2.5	≤2.5	≤2.0 0.00		
		太阳得热系数SHGC	≤0.52	≤0.44	≤0.35	≤0.35	≤0.26	≤0.24	≤0.22	≤0.18 0.00		
		南向 窗墙面积比C	$C\leq0.2$	$0.2<C$ ≤0.3	$0.3<C$ ≤0.4	$0.4<C$ ≤0.5	$0.5<C$ ≤0.6	$0.6<C$ ≤0.7	$0.7<C$ ≤0.8	$C>0.8$ 0.00		

图 2-68　审查表

3. 导出审图

屏幕菜单命令："节能设计"→"导出审图"（DCST）。

该命令对送审的电子节能文档进行打包压缩，生成审图文件包（bdf 格式）。审图机构可以用节能设计软件的审图版解压打开此文件包进行审核，如图 2-69 所示。

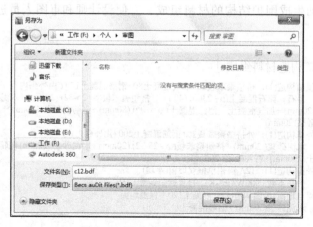

图 2-69　导出审图文档对话框

2.2.7　其他分析工具

1. 窗墙面积比

屏幕菜单命令："节能设计"→"窗墙比"（CQB）。

窗墙比是影响建筑能耗的重要指标，该命令用于提取计算建筑模型的窗墙比。按目前正在实施的一系列节能标准，有三种窗墙比：

1）平均窗墙比，即东西南北四个朝向的平均窗墙比，如图2-70所示。

2）开间窗墙比，即单个房间的窗墙比，也是按东西南北四个朝向计算，如图2-71所示。

图2-70　"平均窗墙比"选项卡

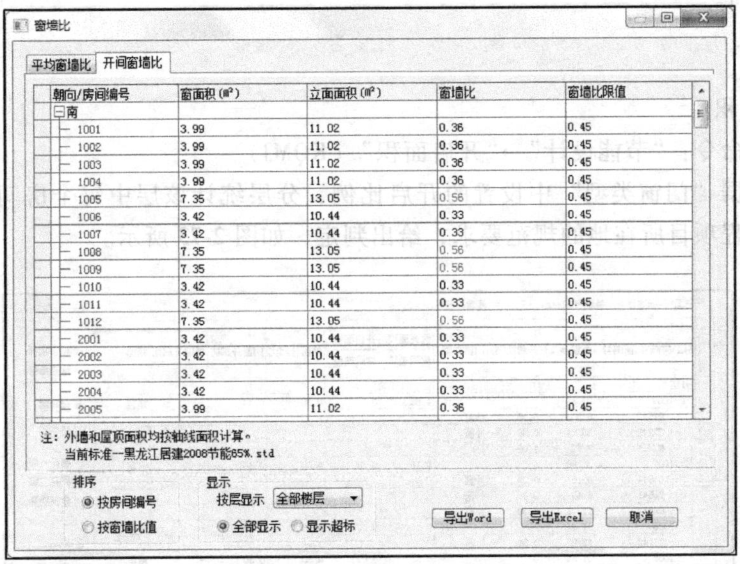

图2-71　"开间窗墙比"选项卡

3）天窗屋顶面积比。

在节能设计中，"窗"是指透光围护结构，包括玻璃窗、玻璃门、阳台门的透光部分和玻璃幕墙。透光部分是保温隔热的薄弱环节，也是夏季太阳传热的主要途径，从节能角度出发，较小的透光面积比例对建筑节能更为有利。同时建筑设计还要兼顾室内采光的需要，因此也不能过小。对于夏热冬暖地区，温差传热不是建筑耗能的主要方式，控制窗墙比实际上是控制太阳辐射得热。采取适当的遮阳，可以允许较大的透光面积。

关于凸窗窗面积的计算方法各地节能标准不尽相同，一种是按玻璃的展开面积计算，另一种是按墙上窗洞计算，该软件按项目地点的标准给定。

2. 外窗表

屏幕菜单命令："计算"→"外窗表"（WCB）。

该命令按东西南北四个朝向统计外窗面积，如图 2-72 所示。

朝向	编号	尺寸	楼层	数量	单个面积	合计面积
东向 312.66	C0924	0.90×2.40	2~13	12	2.16	25.92
	C1514	1.50×1.40	2~13	12	2.10	25.20
	C1525	1.50×2.50	2~13	60	3.75	225.00
	C1542	1.50×4.20	1	1	6.30	6.30
	C7242	7.20×4.20	1	1	30.24	30.24
西向 324.66	C06-25	0.60×2.50	14	1	1.50	1.50
	C1514	1.70×1.40	2~13	12	2.38	28.56
	C1525	1.50×2.50	2~13	72	3.75	270.00
	C1541	1.50×4.10	1	4	6.15	24.60
南向 840.66	C1825	1.80×2.50	2~13	24	4.50	108.00
	C2125	2.10×2.50	2~13	12	5.25	63.00
	C2414	2.40×1.40	2~13	12	3.36	40.32
	C2425	2.40×2.50	2~13	12	6.00	72.00
	C2425	2.40×2.50	2~13	24	6.00	144.00
	C2842	2.80×4.20	1	1	11.76	11.76
	C3025	3.00×2.50	2~13	24	7.50	180.00

插入图中   关闭

图 2-72 "外窗表"对话框

3. 开启面积

屏幕菜单命令："节能设计"→"开启面积"（KQMJ）。

该命令根据"门窗类型"中设置的开启比例，分层统计该层中每个房间门窗的开启面积，并对照工程项目所在地的规范要求，给出判定，如图 2-73 所示。

开启面积-标准要求：外窗开启比ow≥30% 且 幕墙开启比oc≥20%

楼层\房间\门窗编号	面积(m^2)	开启比例	门窗类型	透光面积 房间面积	开启面积 房间面积	外窗开启比	门窗开启比	幕墙开启比	结论
1层									
1009	33.83			1.08	0.58	0.30	0.44	—	适宜
C1542	6.30	0.30	外窗						
C7242	30.24	0.30	外窗						
MC2142	8.82	1.00	外门						
1007	30.88			0.78	0.23	0.30	0.30	—	适宜
C1541	6.15	0.30	外窗						
C1541	6.15	0.30	外窗						
C2842	11.76	0.30	外窗						
1006	31.84			0.41	0.12	0.30	0.30	—	适宜
C3142	13.02	0.30	外窗						
1005	31.84			0.32	0.09	0.30	0.30	—	适宜
C2442	10.08	0.30	外窗						
1008	31.44			0.40	0.12	0.30	0.30	—	适宜
C3042	12.60	0.30	外窗						
1004	31.28			0.80	0.24	0.30	0.30	—	适宜
C3042	12.60	0.30	外窗						

◉规定指标
◯性能指标

◉按楼层
◯按系统

◯展开一级
◯展开二级
◉全部展开

输出到Excel
输出到Word

关闭

图 2-73 "开启面积"对话框

4. 平均 *K* 值

屏幕菜单命令："计算"→"平均 *K* 值"（PJKZ）。

该命令为外墙平均 *K* 值和 *D* 值的计算工具，可以计算单段外墙的平均传热系数 *K* 和整栋外墙的平均传热系 *K* 和平均热惰性指标 *D*。只有完成建筑节能模型的全部工作，包括插入柱子和设置墙中的梁、各个标准层和楼层表的创建，以及工程构造的正确设置等，计算出的结果才有意义。

（1）单段外墙平均 *K* 值　单段外墙上，按墙体和热桥梁柱各个所占面积，采用面积加权平均的方法计算出这段单墙的平均传热系数 *K* 值，如图 2-74 所示。

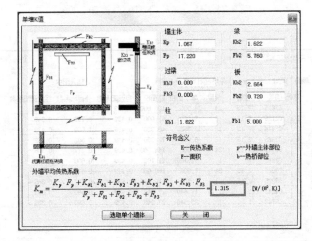

图 2-74　计算单段外墙平均传热系数 *K* 值

（2）整栋外墙的平均 *K* 值和 *D* 值　对模型中多种不同构造的外墙和热桥梁柱进行面积加权平均，计算出整栋建筑物的单一朝向或全部外墙的平均 *K* 值和 *D* 值，如图 2-75 所示。

朝向：全部

构造名称	面积(m2)	面积所占比例	传热系数K	热惰性指标D
柱-钢筋砼300-浅灰色	708.96	0.19	2.664	3.452
柱-钢筋砼300-深灰色	164.09	0.04	2.664	3.452
加气混凝土砌块	1648.48	0.45	1.067	3.822
柱-钢筋砼300玻化微珠保温砂浆	368.57	0.10	1.622	3.918
柱-钢筋砼300-浅灰色	222.08	0.06	2.664	3.452
柱-钢筋砼300玻化微珠保温砂浆	554.48	0.15	1.622	3.918
▶ 汇总平均	3666.66	1.00	1.684	3.736

图 2-75　整栋外墙的平均 *K* 值和 *D* 值

5. 遮阳系数

屏幕菜单命令："计算"→"常规遮阳"（CGZY）。

该命令类似于"平均 *K* 值"命令，用于计算单个外窗的外遮阳系数，以及整栋建筑外窗的外遮阳和综合遮阳平均遮阳系数，如图 2-76 和图 2-77 所示。

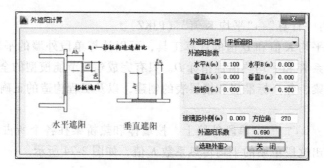

图 2-76　计算单个外窗的外遮阳系数

图 2-77　计算整栋建筑外窗的外遮阳和综合遮阳的平均遮阳系数

6. 隔热计算

屏幕菜单命令："计算"→"隔热计算"（GRJS）。

该命令根据《民用建筑热工设计规范》（GB 50176—2016）对自然通风房间、空调房间的外墙、屋顶进行隔热检查。计算建筑物的屋顶和外墙的内表面最高温度，并判断其是否超过温度限值。计算最高温度值不大于温度限值为隔热检查合格。

屋顶和外墙结构参数自动提取，根据设置参数和默认的时间步长，自动划分网格。

勾选所要计算的外围护结构，计算得到内表面最高温度，与限值比较得到检查结论。

单击"节点图"（图 2-78），生成围护结构的节点划分图。

单击"输出报告"（图 2-78），生成具有详细计算过程的 Word 格式隔热检查计算书。

特别提示：

（1）工况设置　隔热计算部分需要考虑自然通风、空调房间两种情况。

屏幕菜单命令："工程设置"（GCSZ）。

单击屏幕菜单命令下的"工程设置"命令，在弹出的"工程设置"对话框中，切换"其他位置"的界面，在"隔热计算房间类型"中，设置隔热计算，如图 2-79 所示。

（2）最大迭代天数参数设置　由于隔热计算将墙体视为一维非稳态导热，收敛天数由具体工程参数决定。建议最大迭代天数保持默认设定值 15 天。若计算过程中围护结构 15 天内迭代计算不收敛，则调大最大迭代天数。

图 2-78 "隔热计算"对话框

图 2-79 隔热计算房间类型设定

（3）其他计算参数　根据工程参数、材料参数和默认时间步长，软件计算得到差分步长和网格数，自动划分网格。建议时间步长保持默认值 5min 不变，差分步长和网格数用户不可更改。

（4）需要计算的围护结构的选择 根据《民用建筑热工设计规范》（GB 50176—2016），勾选屋顶、外墙，计算内表面最高温度，并与限值比较得到检查结论。当地方标准要求对热桥梁、热桥柱结构进行隔热计算时，勾选需要计算的热桥梁、热桥柱结构，计算内表面最高温度，并与限值比较得到检查结论。

7. 结露检查

屏幕菜单命令："计算"→"结露检查"（JLJC）。

该命令按《民用建筑热工设计规范》（GB 50176—2016）相关条款对所选外墙或屋顶构造进行结露检查，如图 2-80 所示。

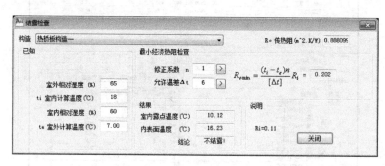

图 2-80 "结露检查"对话框

当有热桥节点时，"结露检查"将读取热桥节点表，通过求解温度场，得出热桥节点的内表面最低温度，基于此判定是否结露，也可以将计算结果生成 Word 格式的结露检查报告书，如图 2-81 所示。

热桥部位	热桥类型	计算	内表面最低温度(℃)	结论
外墙－屋顶	WR-1	☑	15.5	不结露
	WR-2	☑	15.4	不结露
外墙－楼板	WF-1	☑	17.1	不结露
外墙－挑空楼板	WA-1	☑	13.5	不结露
外墙－外墙	WO-1	☑	16.6	不结露
外墙－内墙	WI-1	☑	17.2	不结露
门窗左右口	WS-1	☑	15.0	不结露
门窗上口	WU-1	☑	14.9	不结露
窗下口	WD-1	☑	14.9	不结露

ti 室内计算温度(℃) 18　　室内相对湿度 (%) 60
te 室外计算温度(℃) 7.00　室内露点温度(℃) 10.1

全部计算　导出WORD　导出EXCEL　生成报告书　关闭

图 2-81 解温度法的"结露检查"

8. 防潮验算

屏幕菜单命令："计算"→"防潮验算"（LJ_FCYS）。

该命令按《民用建筑热工设计规范》（GB 50176—2016）做屋面、外墙的内部防潮验算，并生成冷凝受潮验算计算书。

计算数据可以以"数据表格"或"图形曲线"两种方式表达，以"数据表格"表达时，可以将结果输出到 Excel。以"图形曲线"表达时，可以将结果插入到当前工程中，如图 2-82 所示。

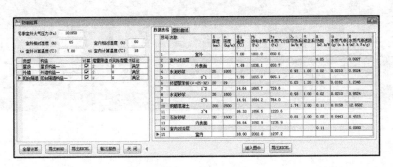

图 2-82　"防潮验算"对话框

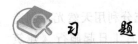 习　题

　　1. 简述建筑围护结构整个传热过程可以分为哪几个阶段？各阶段的传热方式有哪些特性？

　　2. 墙体的保温有哪些类型？外保温复合墙体与内保温复合墙体各有什么特点？

　　3. 增强屋顶隔热能力的措施有哪些？

　　4. 建筑外遮阳有哪几种方式？各适用于什么朝向？

　　5. 简述建筑遮阳的效果与影响。

　　6. 围护结构受潮后为什么会降低其保温性能？

　　7. 简述围护结构受潮的控制措施。

　　8. 简述节能软件节能检查输出的表格中列出了哪些内容？

　　9. 简述节能软件分析报告输出的报告书中列出了哪些内容？

第3章 绿色建筑的采光分析

■3.1 采光相关参数及设计标准

为了在建筑采光设计中，贯彻国家的法律法规和技术经济政策，充分利用天然光，创造良好光环境、节约能源、保护环境和构建绿色建筑，我国于 2013 年 5 月 1 日起施行《建筑采光设计标准》（GB 50033—2013）。标准中对住宅建筑、教育建筑、医疗建筑等建筑的采光质量做了以下规定：

1）住宅建筑的卧室、起居室（厅）的采光不应低于采光等级Ⅳ级的采光标准值，侧面采光的采光系数不应低于 2.0%，室内天然光照度不应低于 300lx。

2）教育建筑的普通教室的采光不应低于采光等级Ⅲ级的采光标准值，侧面采光的采光系数不应低于 3.0%，室内天然光照度不应低于 450lx。

3）医疗建筑的一般病房的采光不应低于采光等级Ⅳ级的采光标准值，侧面采光的采光系数不应低于 2.0%，室内天然光照度不应低于 300lx。

3.1.1 采光系数

室外照度是经常变化的，这必然引起室内照度的变化，因此对采光数量的要求采用的是相对值。这一相对值就是采光系数（C），即在室内参考平面上的一点，由直接或间接地接收来自假定和已知天空亮度分布的天空漫射光而产生的照度（E_n）与同一时刻该天空半球在室外无遮挡水平面上产生的天空漫射光照度（E_w）之比。采光系数计算公式为

$$C = \frac{E_n}{E_w} \times 100\% \tag{3-1}$$

利用采光系数这一概念，就可根据室内要求的照度换算出需要的室外照度，或由室外照度求出当时的室内照度，而不受照度变化的影响，以适应天然光多变的特点。

采光标准综合考虑了视觉实验结果，对已建成建筑的采光现状进行现场调查，综合考虑我国光气候特征、采光口的经济性等，将视觉工作分为Ⅰ~Ⅴ级：Ⅰ级代表作业精确度为特别精细；Ⅱ级代表作业精确度为很精细；Ⅲ级代表作业精确度为精细；Ⅳ级代表作业精确度为一般；Ⅴ级代表作业精确度为粗糙。对视觉工作进行分级后，提出了采光系数标准值，采光系数标准值是指在规定的室外天然光设计照度下，满足视觉功能要求时的采光系数值。表 3-1 为办公建筑的采光系数标准值。

表 3-1　办公建筑的采光系数标准值

采光等级	场所名称	侧面采光	
		采光系数标准值（%）	室内天然光照度标准值/lx
II	设计室、绘图室	4.0	600
III	办公室、会议室	3.0	450
IV	复印室、档案室	2.0	300
V	走道、楼梯间、卫生间	1.0	150

3.1.2　光气候分区

在我国缺少照度观测资料的情况下，可以利用各地区多年的辐射观测资料及辐射光当量模型来求得各地的总照度和散射照度。根据我国 273 个站点近 30 年的逐时气象数据，并利用辐射光当量模型，可以得到典型气象年的逐时总照度和散射照度。由逐时的照度数据可得到各地区年平均的总照度，从而可绘制我国的总照度分布图（图 3-1），并根据总照度的范围进行光气候分区。从气候特点分析，它与我国气候分布状况特别是太阳能资源分布状况也是吻合的。天然光照度随着海拔和日照时数的增加而增加，如拉萨、西宁地区照度较高；随着湿度的增加而减少，如宜宾、重庆地区。

3.1.3　照度均匀度

视野内照度分布不均匀，容易使人视觉疲乏，视功能下降，影响工作效率。因此，要求房间内照度分布应有一定的均匀度，即照度均匀度，是指在距地面 1m 高的假想水平面上的采光系数的最低值与平均值之比，也可认为是室内照度最低值与室内照度平均值之比。故标准提出顶部采光时，I～IV 采光等级的采光均匀度不宜小于 0.7。为保证采光均匀度的要求，相邻两天窗中线间的距离不宜大于参考平面至天窗下沿高度的 1.5 倍。侧面采光由于照度变化太大，不可能做到均匀。而 V 级视觉工作为粗糙工作，开窗面积小，较难照顾均匀度，故对均匀度未做规定。

3.1.4　不舒适眩光值

窗的不舒适眩光是评价采光质量的重要指标，根据我国对窗眩光和窗亮度的实验研究，结合舒适度评价指标以及参考国外相关标准，确定了各采光等级窗的不舒适眩光指数值，见表 3-2。

表 3-2　窗的不舒适眩光指数值比较

采光等级	眩光感觉程度	窗亮度/(cd/m^2)	窗的不舒适眩光指数
I	无感觉	2000	20
II	有轻微感觉	4000	23
III	可接受	6000	25
IV	不舒适	7000	27
V	能忍受	8000	28

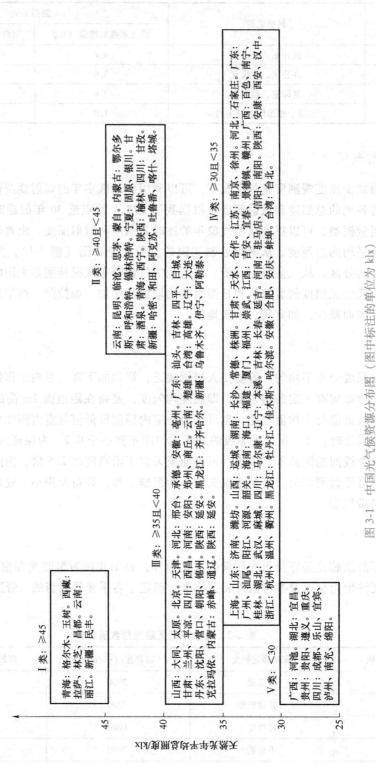

I 类：≥45

青海：格尔木、玉树。西藏：林芝、昌都。云南：丽江。新疆：民丰。

II 类：≥40且＜45

云南：昆明、临沧。蒙自、思茅、内蒙古：鄂尔多斯、呼和浩特、锡林浩特。宁夏：固原、银川。甘肃：酒泉。青海：西宁。陕西：榆林。四川：甘孜。新疆：哈密、和田、阿克苏、吐鲁番、喀什、塔城。

III 类：≥35且＜40

河北：邢台、承德。安徽：亳州。广东：汕头。山西：大同、太原。北京。天津。四川：平凉。甘肃：兰州、西昌。河南：安阳、郑州。陕西：朝阳、延安。陕西：沈阳、延安。内蒙古：赤峰、通辽。黑龙江：齐齐哈尔。云南：楚雄。高雄：台湾。辽宁：大连。新疆：乌鲁木齐、伊宁、阿勒泰。

IV 类：≥30且＜35

江苏：南京、徐州。河北：石家庄。广东：山东：济南。湖南：长沙、常德。甘肃：天水。合作：江苏：宜春。江西：景德镇。广西：百色、南宁。汕尾。河江。海南：海口。福建：厦门。吉林：崇武。陕西：安康、西安、汉中。湖北：武汉。四川：马尔康。辽宁：本溪、长春。赣州。吉安：赣马店、信阳。南阳。浙江：温州。黑龙江：牡丹江、佳木斯、哈尔滨。安庆。安徽：合肥。台湾：台北。

V 类：＜30

上海。山东：广州。桂林。浙江：杭州。湖北：宜昌。重庆。广西：河池。湖北：遵义、乐山、宜宾。贵州：成都。四川：泸州、南充、绵阳。

图 3-1 中国光气候资源分布图（图中标注的单位为 klx）

实测调查表明，窗亮度为 $8000\mathrm{cd/m^2}$ 时，其累计出现概率达到了 90%，这说明 90% 以上的天空亮度状况在对应的标准中。试验和计算结果还表明，当窗面积大于地面面积一定值时，眩光指数主要取决于窗亮度。表 3-2 中所给出的眩光限制值均为上限值。

关于顶部采光的眩光，据实验和计算结果表明，由于眩光源不在水平视线位置，在同样的窗亮度下顶窗的眩光一般小于侧窗的眩光，顶部采光对室内的眩光效应主要为反射眩光。

采光设计时，应采取以下减小窗的不舒适眩光的措施：

1）作业区应减少或避免直射阳光。

2）工作人员的视觉背景不宜为窗口。

3）可采用室内外遮挡设施。

4）窗结构的内表面或窗周围的内墙面，宜采用浅色饰面。

■ 3.2 采光计算方法

《建筑采光设计标准》（GB 50033—2013）以采光系数平均值作为采光设计的关键性评价指标，因此设计人员在做采光分析时就必须借助软件进行辅助模拟和计算。针对国内标准的要求，结合建筑设计不同阶段的需求，DALI 软件提供了三种计算方法：估算法、概算法、精算法。

3.2.1 估算法

估算法即窗地比的计算，通过统计图中各个房间的有效窗口面积（即计算平面以上的窗口面积）和地面面积，列表输出结果并和标准给出的限值进行比较，可用于方案阶段指导确定建筑的开窗面积。

3.2.2 概算法

概算法也称公式法，根据《建筑采光设计标准》提供的标准计算公式进行计算，可用于建筑早期设计阶段的反复推敲，优化建筑设计。

（1）侧面采光 侧面采光的采光简图，如图 3-2 所示。

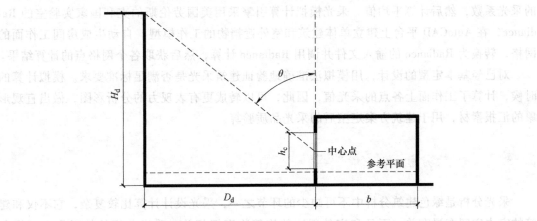

图 3-2 侧面采光示意图

侧面采光时采光系数平均值计算公式为

$$C_{av} = A_c \tau \theta / A_z (1 - \rho_j^2)$$ (3-2)

式中　τ——窗的总透射比；

A_c——窗洞口面积（m^2）；

A_z——室内表面总面积（m^2）；

ρ_j——室内各表面反射比的加权平均值；

θ——从窗中心点计算的垂直可见天空的角度值（°），无室外遮挡时 $\theta = 90°$。

（2）顶部采光　顶部采光简图如图3-3所示。

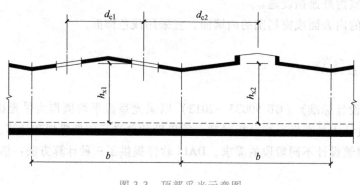

图3-3　顶部采光示意图

顶部采光时采光系数平均值计算公式为

$$C_{av} = \tau CU A_c / A_d$$ (3-3)

式中　C_{av}——采光系数平均值（%）；

τ——窗的总透射比；

CU——利用系数；

A_c / A_d——窗地面积比。

3.2.3　精算法

精算法也称为模拟法，对房间工作面进行网格划分，确定一系列的计算点，计算每一点的采光系数，然后计算平均值。采光模拟计算引擎采用美国劳伦斯伯克利国家实验室的 Radiance，在 AutoCAD 平台上建立单体建筑和室外遮挡物的工作模型，自动生成房间工作面的网格，转换为 Radiance 的输入文件并调用 Radiance 计算，然后获取各个网格点的计算结果。

对已经基本定型的设计，用模拟法准确地验证建筑采光是否满足标准要求。模拟计算的时候，计算了工作面上各点的采光值，因此，可以转成更有表现力的分析彩图，做出直观形象的汇报素材，用于建筑方案定型后的采光品质验算。

■ 3.3　采光分析软件概要

采光分析是绿色建筑分析中不可缺少的环节之一，采光设计计算比较复杂，它不仅和建筑的室内空间布局有关，而且和室外周边的构筑物密切相关。采光分析软件正是应《绿色建筑评价标准》（GB/T 50378—2019）和《建筑采光设计标准》（GB 50033—2013）的要求，利用设计师的建筑设计成果，自动分析建筑的采光品质，给出量化的指标，帮助设计师判断建筑的采光是否满足标准的要求。同时，该软件还提供了更多的快速分析手段，使设计师对采光的品质有更全面更深刻的认识。

应用范围：设计单位、审图机构和绿色建筑咨询机构对新建建筑和改建建筑的采光设计分析和审核。

采光分析软件特点：

1）遵循《绿色建筑评价标准》和《建筑采光设计标准》的要求编写软件。

2）可以从点、面、立体三个角度分析建筑的采光品质。

3）可自动生成各种采光分析图和分析报告。

4）采光计算模型由节能设计模型和日照分析模型构成，分享节能、日照计算的成果。

3.3.1 采光分析软件安装和启动

从官网上下载采光分析软件安装包，解压后直接双击运行 Dali2018.exe 程序，在弹出安装对话框中单击"下一步"后完成程序安装。安装完成后将在桌面上建立启动快捷图标"采光分析 DALI"。运行该快捷方式即可启动采光分析软件。

如果使用的计算机中安装了多个符合采光分析软件要求的 AutoCAD 平台，那么首次启动时将提示你选择哪个 AutoCAD 平台。如果不想每次启动时都询问选择 AutoCAD 平台，可以选择"下次不再提问"选项，下次启动时，就可直接进入采光分析软件中。

3.3.2 采光分析软件操作流程

采光分析软件是基于 BIM 模型的计算分析软件，首先在 AutoCAD 下建立 dwg 格式的工程模型或直接导入 BIM 模型到软件中。工程模型由单体模型和总图模型构成，单体模型由各层平面图构成，可以使用标准层代表多个自然层，由楼层框确定标准层的范围和对齐关系，单体模型的层号为 0 之外的整数。总图也由楼层框确定室外范围以及和单体如何对齐，总图的楼层号为 0。可以没有总图模型，但这时无法考虑室外对室内采光的影响。

建立单体、总图的几何模型后，需要设置采光的计算参数，包括各个房间的功能类型（采光要求）、门窗的类型、室内外表面的自然光反射比等与室内采光密切相关的参数。

有了几何模型和采光参数，就具备了采光计算的条件，用户还应当检查一下模型以确保计算条件正确。然后转换生成采光分析的计算模型。最后进行采光计算分析，包括二维平面分析和三维立体分析。

3.3.3 单体模型

单体模型是采光计算的基础条件，软件直接从 BIM 模型中提取计算所需要的围护结构数据，同时由围护结构形成房间对象，用于设定采光计算的相关参数。如果有原始设计图纸的电子文档或 BIM 模型，就可以大大减少重新建模的工作量。采光分析软件可以打开、导入或转换主流建筑设计软件的图纸和 BIM 模型。然后根据建筑的框架就可以搜索出建筑的空间划分，为后续的采光计算奠定基础。

（1）**建筑模型转换**　进行采光分析计算需要有符合要求的建筑图档或 BIM 模型，实际上是一个虚拟的建筑模型。建筑设计软件和采光计算软件对建筑模型的要求是不同的，建筑设计软件更多的是注重图纸的表达，而采光计算软件注重构成房间的围护结构连接的严谨性。

常见的建筑设计电子图档是 dwg 格式的，如果已有节能设计 BIM 模型或者已经熟悉节能设计软件，可以跳过本章的内容。

1）转条件图。屏幕菜单命令："条件图"→"转条件图"（ZTJT）。用于识别转换二维建筑图，按墙线、门窗、轴线和柱子所在的不同图层进行过滤识别。由于该命令是整图转换，因此对原图的质量要求较高，对于绘制比较规范和柱子分布不复杂的情况，该命令成功率较高，如图 3-4 所示。

图 3-4　"模型转换"对话框

操作步骤如下：

① 提取图层。单击屏幕菜单命令中"条件图"下的"转条件图"命令后，按命令行提示，分别用光标在图中选取墙线、门窗（包括门窗号）、轴线和柱子。选取结束后，它们所在的图层名自动提取到对话框，也可以手动输入图层名。每种构件可以有多个图层，但不能彼此共用图层。

② 设置数值。设置转换后的竖向尺寸和容许误差。这些尺寸可以按占比最多的数值设置，因为后期批量修改十分方便。

③ 设置门窗标识。对于被分解成散线的门窗，要想让软件能够识别需要设置门窗标识，可在门窗编号的位置输入一个或多个符号，软件将根据这些符号代表的标识，判定将散线转成门或窗。以下情况不予转换：标识同时包含门和窗两个标识，无门窗编号，包含 MC 两个字母的门窗。

④ 转换图形。框选准备转换的图形，一套工程图有很多个标准层图形，一次转多少取决于图形的复杂度和绘图是否规范，最少一次要转换一层标准图，最多支持全图一次转换。

2）墙体作为建筑房间的分隔构件和门窗的载体，是主要的围护结构。在进行模型处理过程中墙体处理非常重要，房间的采光能否正常进行下去往往与墙体处理连接是否正确密切相关，如果不能用墙体有效地围成建筑房间，采光计算将无法进行。

柱子在采光计算中，只起到削减房间工作区面积的作用。采光分析软件主要关注墙是否围合成闭合房间。因此可以把所有柱子都转成几何柱，几何柱是与墙完全独立的构件，不影响墙的交接处理，便于让墙准确地交汇在一起，避免房间的闭合性出现问题。

墙柱都有材料属性，即墙柱的主材，主材影响墙柱的平面表达，除了玻璃幕墙是透明构件影响采光外，其他主材对采光计算没有影响。

墙柱高度修改方法：单击屏幕菜单命令中"墙柱"下的"改高度"（GGD）命令，根据命令栏提示"请选择墙体、柱子或墙体造型"框选修改的构件，右击确定，输入新的高度值，完成高度修改，如图3-5所示。

3）门窗是嵌入在墙体内的构件，对于采光来说，关注的是构件透光与否。采光分析软件通过"门窗类型"命令来描述门窗的透光特性。不透光的门创建与否不影响采光计算，只是让图面贴近实际便于理解。门窗的三维样式图块对不同的材料进行图层划分只是为了形象表达用，采光分析并不对这些材料属性进行区分。

操作方法：单击屏幕菜单命令中"门窗"下的"门窗整理"命令，弹出"门窗整理"对话框，在对话框中修改门窗相关参数信息，修改完成后单击"应用"按钮（图3-6），完成编辑。

图3-5 "改高度"命令

图3-6 "门窗整理"对话框

4）阳台。屏幕菜单命令："门窗遮阳"→"阳台"（YT）。阳台降低了下层门窗的自然光采光，因此需要建模。可以直接建模，也可以作为下层门窗的"遮阳类型"建模。

该命令仅用于绘制各种形式阳台，自定义对象阳台。同时提供二维和三位视图命令，提供四种绘制方式，有梁式与板式两种阳台类型。阳台的栏板可以用右键中的"栏板切换"控制有还是无。

单击命令后弹出对话框，确定阳台类型，再选择一种绘制方式，进行阳台的设计，如图3-7所示。

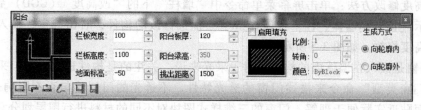

图 3-7 "阳台"对话框

在对话框下方图标中确定创建方式,操作步骤如下:

① 直线阳台绘制。用阳台的起点和终点控制阳台长度,挑出距离确定阳台宽度,此方法适合绘制直线型阳台。阳台挑出距离可在图中量取或输入,绘制过程中有预览,如果阳台位置反了,可用<F>键翻转。在绘制阳台两端的栏板过程中碰到墙体的部分将自动被去掉。

② 外墙偏移生成法。用阳台的起点和终点控制阳台长度,按墙体向外偏移距离作为阳台宽来绘制阳台。此方法适合绘制阳台栏板形状与墙体形状相似的阳台。

单击"阳台"命令后,根据命令栏提示"起始点或［参考点（R）］<退出>:"在外墙上准备生成阳台的那侧点单击,拾取阳台起点,根据提示"终止点或［参考点（R）］<退出>:"移动鼠标,在外墙上准备生成阳台的那侧点单击,取阳台终点,输入偏移距离,完成阳台绘制,如图 3-8 和图 3-9 所示。

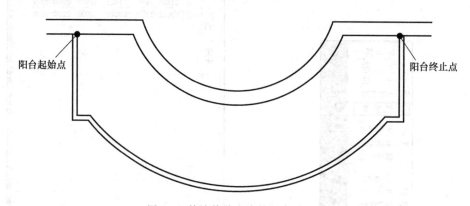

图 3-8 外墙偏移生成的阳台平面图

（2）房间楼层的空间划分　采光计算是以房间为基本单位进行的,房间是由墙围合而成的。围护结构把室内各个空间和室外分隔开,围合成本层建筑外轮廓的墙就是外墙,它与室外接触的表面就是外表面。用来分隔各个房间的墙为内墙。居住建筑中某些房间共同属于某个住户,这里称为户型或套房,围合成户型但又不与室外大气接触的墙,就是户墙。

房间平面由墙体闭合而成的平面区域,墙体必须准确地首尾相连围合成闭合区域。就几何拓扑关系而言,墙就是一条线段(基线),房间就是一个闭合区域。

房间与墙之间有以下逻辑关系（图 3-10）:

1）构成房间边界的墙线的 2 个端点必须铰接其他墙的端点。否则就是孤立单甩的墙,不作为房间边界。

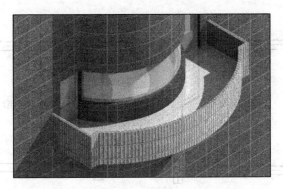

图 3-9 外墙偏移生成的阳台三维图

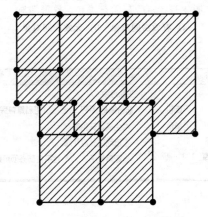

图 3-10 房间与墙的逻辑关系

2）墙线不允许重叠（包括部分重叠）。

3）墙角称为节点，每个节点有两段或更多的墙相接交汇。

操作步骤如下：

① 搜索房间。屏幕菜单命令："空间划分"→"搜索房间"（SSFJ）。

该命令是建筑模型处理中的一个重要命令和步骤，能够快速地划分室内空间和室外空间，即创建或更新一系列房间对象和建筑轮廓，同时自动将墙体区分为内墙和外墙。需要注意的是建筑总图上如果有多个区域要分别搜索，也就是一个闭合区域搜索一次，建立多个建筑轮廓。如果某房间区域已经有一个（且只有一个）房间对象，该命令不会删除之，只更新其边界和编号。

搜索房间后，软件自动记录了围成房间的所有墙体的信息，后续若需要对墙体进行几何修改，则必须重新搜索房间，如果不重新搜索，则出现无效房间。直观地区分有效和无效房间的方法如下：选中房间对象后，有效房间在其周围的墙基线上有一圈虚线边界，无效房间则没有，如图 3-11 所示。

操作方法：单击屏幕菜单命令中"空间划分"下的"搜索房间"命令，弹出"房间生成选项"对话框（图 3-12），在对话框中设置相关参数信息，框选生成建筑轮廓，右击确定，完成操作。

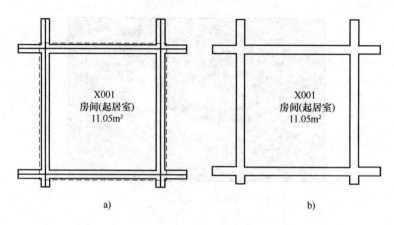

图 3-11 有效房间对象和无效房间对象

a) 有效房间对象 b) 无效房间对象

图 3-12 "房间生成选项"对话框

"房间生成选项"对话框一般只输入起始编号,其他接受默认的设置。房间对象的默认名称为"房间",这个名称是房间的标称,不代表房间的采光功能类型。通过"房间类型"设置采光的功能类型,设置了房间的采光类型后,名称的后面会加一个带"采光分类"的房间功能。例如,一个房间对象显示为"主卧(卧室)","主卧"是房间名称,"卧室"是房间的采光类型。

② 房间赋名。屏幕菜单命令:"空间划分"→"房间赋名"(FJFM)。

房间赋名功能为用户给房间赋予名称提供便利。在搜索房间之后,根据图中房间位置和相应房间名称的文字,自动给房间赋予名称,为后续采光设置中房间类型设置做好基础准备,如图 3-13 所示。

操作方法:单击屏幕菜单命令中"空间划分"下的"房间赋名"命令,根据命令栏提示选中房间和文字,即可快速给房间赋予名称。

③ 房间整理。屏幕菜单命令:"空间划分"→"房间整理"(FJZL)。

房间赋予名称之后,可利用"房间整理"命令对项目中房间信息进行统一管理,房间整理界面显示房间编号、名称及使用面积。用户可在此界面对房间编号和名称进行修改。单击表头部分的"编号",显示界面将按照房间编号、房间名称进行自动排序,如图 3-14 所示。

④ 建楼层框。屏幕菜单命令:"空间划分"→"建楼层框"(JLCK)。

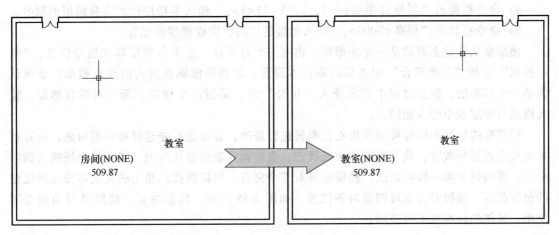

图 3-13　房间赋名效果

楼层/房间	编号	名称	使用面积
□ 1层(24)			
— 1001	1001	厨房	113.71
— 1002	1002	办公室	13.96
— 1003	1003	贮藏室	15.09
— 1004	1004	楼梯间	23.01
— 1005	1005	过道	7.82
— 1006	1006	餐厅	677.66
— 1007	1007	房间	1.28
— 1008	1008	备餐	29.86
— 1009	1009	卫生间	14.22
— 1010	1010	卫生间	5.40
— 1011	1011	卫生间	13.60
— 1012	1012	楼梯间	26.33
— 1013	1013	大堂	254.44
— 1014	1014	库房	29.44
— 1015	1015	休息室	16.32
— 1016	1016	商店	104.19
— 1017	1017	商店	99.86
— 1018	1018	商店	99.88
— 1019	1019	商店	101.49
— 1020	1020	楼梯间	15.32

房间整理

应用　　提取

图 3-14　"房间整理"对话框

该命令用于全部标准层在一个 dwg 文件的模式下，确定标准层图形的范围，以及标准层与自然层之间的对应关系，其本质就是一个楼层表。

操作方法如下：

1）单击屏幕菜单命令中"空间划分"下的"建楼层框"命令。

2）根据命令栏提示"第一个角点<退出>:"在图形外侧的四个角点中点取一个；然后提示"另一个角点<退出>:"向第一角点的对角拖拽光标，点取第二点，形成框住图形的方框。

3）对角框住图形后，命令栏提示"对齐点<退出>:"在图形中点取从首层到顶层上下对齐的参考点，通常用轴线交点。

4）命令栏提示"层号（形如：-1，1，3~7)<1>:"输入本楼层框对应自然层的层号。

5）命令栏提示"层高<3000>:"输入本层的层高，完成楼层框创建。

楼层框从外观上看就是一个矩形框，内有一个对齐点，左下角有层高和层号信息，"数据提取"中和"三维组合"中的层高取自本设置。被楼层框圈在其内的建筑模型，系统认为是一个标准层。建立过程中提示录入"层号"时，是指这个楼层框所代表的自然层，输入格式与楼层表中输入相同。

楼层框的层高和层号可以采用在位编辑进行修改，方法是首先选择楼层框对象，再直接单击层高或层号数字，数字呈蓝色被选状态，直接输入新值替代原值，或者将光标插入数字中间，像编辑文本一样再修改。楼层框具有五个夹点，鼠标拖拽四角上的夹点可修改楼层框的包容范围，拖拽对齐点可调整对齐位置，如图3-15所示。特别注意：楼层0号留给总图使用，单体的标准层不可使用。

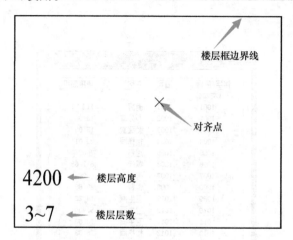

图 3-15 楼层框

（3）建筑模型检查 建模操作过程中，可能会发生一些问题，如墙角连接不正确、围护结构重叠、门窗忘记编号等，这些问题可能会妨碍采光计算的进行。为了高效率地排除图形和模型中的错误，采光分析提供了一系列检查工具。

操作步骤如下：

① 重叠检查。屏幕菜单命令："检查"→"重叠检查"（CDJC）。

该命令用于检查图中重叠的墙体、柱子、门窗和房间，可删除或放置标记。检查后如果有重叠对象存在，则弹出检查结果，如图3-16所示。

② 柱墙检查。屏幕菜单命令："检查"→"柱墙检查"（ZQJC）。

该命令用于检查和处理图中柱内的墙体连接。处理原则：该打断的给予打断；未连接墙端头，延伸连接后为一个节点时自动连接；未连接墙端头，延伸连接后多于一个节点时给出提示，人工判定是否连接，如图3-17所示。

③ 模型检查。屏幕菜单命令："检查"→"模型检查"（MXJC）。

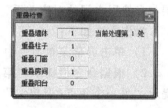

图 3-16 重叠检查的结果

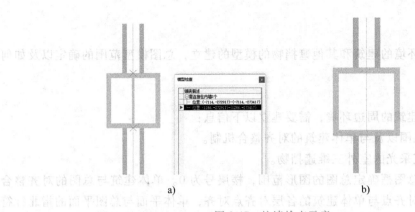

图 3-17 柱墙检查示意

a）提示连接位置，由人工判定　b）自动修复

在做采光分析之前，利用该功能检查建筑模型是否符合要求，这些错误或不恰当之处将使分析和计算无法正常进行。检查的项目包括：超短墙；未编号的门窗；超出墙体的门窗；楼层框层号不连续、重号和断号；与围合墙体之间关系错误的房间对象。

检查结果将提供一个清单，这个清单与图形有关联关系，用鼠标点取提示行，图形视口将自动对准到错误之处，可以即时修改，修改过的提示行在清单中以淡灰色显示，如图 3-18 所示。

图 3-18 模型检查的错误清单

3.3.4 总图模型

本小节介绍周围环境的建筑和其他遮挡物的模型的建立，总图模型范围的确定以及如何与单体模型对齐整合。

1. 总图模型概述

它描述的是设计建筑的周边环境，需要建立以下信息：

1）总图的图形范围以及与单体建筑的对齐整合机制。

2）影响设计建筑采光的室外三维遮挡物。

采光分析软件用总图框确定总图的图形范围，楼层号为0。单体建筑与总图的对齐整合机制是，总图框上的对齐点与单体建筑的各层对齐点对齐，单体平面与总图平面的指北针符号指向相同。当然，这个整合是程序在计算时自动完成的。模型创建好后，可以用"模型观察"命令进行核对，检查单体建筑与总图的关系是否正确。

2. 总图模型创建

尽管有通用的手段可以建立总图的三维模型，但采光分析软件还是提供了常用的柱状单体建筑的建模方式从而快速提取周边建筑模型。

（1）建总图框　屏幕菜单命令："总图"→"建总图框"（JZTK）。

该命令用于创建总图框对象，确定总图的图形范围以及对齐点。运行命令后，手动选取两个对角点及对齐点，设置内外高差后，总图框就生成了，如图 3-19 所示。图中方框里"×"号的交点即对齐点，450 为内外高差，单位为 mm，0 为楼层号或图号。

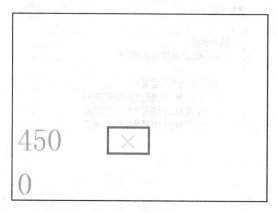

图 3-19　建总图框

（2）创建建筑轮廓　屏幕菜单命令："总图"→"建筑高度"（JZGD）。

该命令有两个功能：一是把代表单体建筑轮廓的闭合多段线（PLine）赋予一个给定高度和底标高，生成三维的建筑轮廓模型；二是对已有模型重新编辑高度和标高。

单击"建筑高度"命令后，命令栏提示"选择现有的建筑轮廓或闭合多段线或圆："选择图形中的建筑物轮廓线，右击确定，输入建筑物高度值和建筑底标高，完成操作，如图 3-20 所示。

特别提示：单体建筑的外轮廓线必须用封闭的多段线来绘制。建筑高度表示的是竖向恒定的拉伸值，如果一个建筑物的高度分成几部分参差不齐，应分别赋给高度。圆柱状甚至是悬空的遮挡物，都可以用该命令建立。生成的三维建筑轮廓模型属于平板对象，尽管总图模型对图层没有要求，但该命令建立的模型是放到特定图层的，可以将模型用于日照分析，使不同软件的协作更流畅。

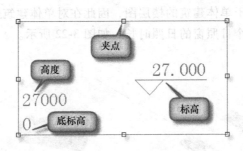

图 3-20　单体轮廓的编辑

3.3.5　单体模型与总图模型的关系

周围环境的建筑和其他遮挡物影响房间的采光，因此有必要建立室外的总图模型。

1. 提取单体

屏幕菜单命令："总图"→"提取单体"（TQDT）。

该命令把其他 BIM 模型提取到本图，作为遮挡物，如图 3-21 所示。

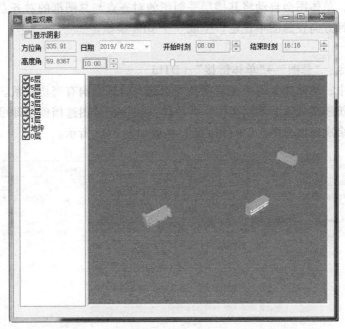

图 3-21　提取单体效果图

操作步骤如下：

① 选择其他 BIM 模型或外部楼层表 dbf 文件。

② 确认该单体建筑的内外高差，以便正确地落在总图上。

③ 点取插入位置和转角，默认的基点是单体建筑的对齐点。

2. 本体入总

屏幕菜单命令："总图"→"本体入总"（BTRZ）。

该命令用于将单个 BIM 模型插入总图或在总图区域内更新。可以在同一张 dwg 图内既拥有总图，也拥有其中若干单体建筑的楼层图，因此在对单体建筑进行日照分析时，可以在楼层图中更轻松地查看各个日照窗的日照时长，如图 3-22 所示。

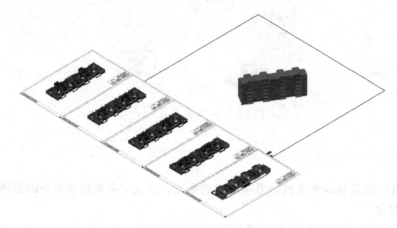

图 3-22　本体入总

运行命令后，单体图会自动将其楼层平面图的对齐点与总图框的对齐点重合，并且按照楼层图中的指北针方向在总图中设定，生成一个 BIM 模型。

3. 单体链接

屏幕菜单命令："总图"→"单体链接"（DTLJ）。

在采光计算中，单体建筑的采光情况与周边遮挡建筑影响有密切联系。利用单体链接功能将每个单体建筑链接进入总图模型中，各单体共用一个总图遮挡模型即可，这样可以避免在大规模项目中多次修改总图。"单体链接"界面如图 3-23 所示。

图 3-23　"单体链接"界面

操作步骤如下：

1）单击"单体链接"命令后，选择总图中需要链接的单体模型。

2）对单体模型进行命名和对单体模型在总图模型中的角度进行确认。

3）在图中点取相应位置确定建筑位置，如图 3-24 所示。

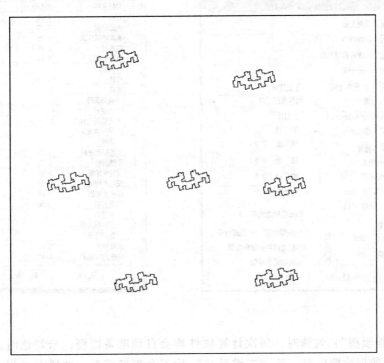

图 3-24 单体链接总图效果

3.4 采光分析计算

3.4.1 采光计算设置

1. 采光设置

屏幕菜单命令："设置"→"采光设置"（CGSZ）。

该命令用于设置采光计算条件和参数，如图 3-25 所示。

"光气候区"：Ⅰ、Ⅱ、Ⅲ、Ⅳ、Ⅴ共 5 个光气候区可选，默认为Ⅲ。

"建筑类型"：民用建筑、工业建筑。

"反射比"：顶棚、地面、墙面、阳台、外表面的反射比，软件默认值为顶棚 0.75、地面 0.3、墙面 0.6、阳台 0.8、外表面 0.5，可以通过对话框选取常用饰面材料的反射比（图 3-26）。

"采光引擎"：模拟法、公式法、公式法扩展三种计算方法。

"分析精度"：粗算、精算。只有"模拟法"可控制分析精度。

"多雨地区"：如果勾选，则玻璃的污染系数取值有区别。

"忽略柱子"：如果勾选，房间边界不考虑柱子，以墙体为边界。

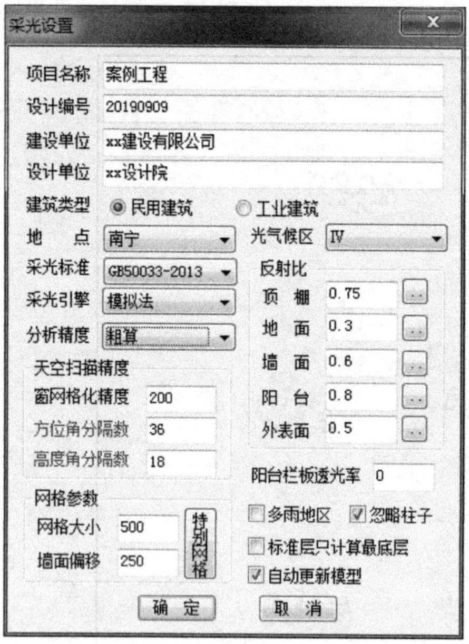

图 3-25　采光全局设置

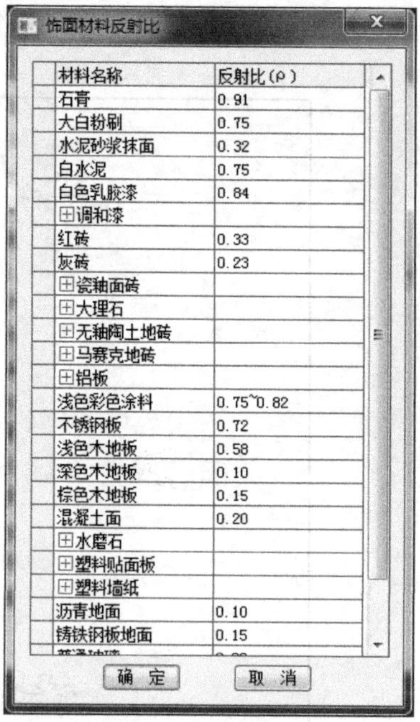

图 3-26　选择反射比

"自动更新模型"：勾选时，每次计算软件均会自动准备模型；未勾选时，软件会自动将构建的模型数据放置内存，除"三维采光"均不在更新模型，如遇大工程，当模型未变化时，不勾选可节省时间。

"阳台栏板透光率"：在 0~1 之间取值，其数值越大，透明率越高。

"标准层只计算最底层"：如果勾选，标准层将不会展开计算，以节省计算时间。

2. 门窗类型

屏幕菜单命令："设置"→"门窗类型"（MCLX）。

该命令用于设置门窗与采光有关的参数，门窗类型决定了窗口的透光性能，天然光经过窗口与经过洞口的区别，就是窗框、玻璃，降低了透光的性能，透光性能用透光系数 K' 表示，即

$$K' = \tau\tau_c\tau_w \tag{3-4}$$

式中　τ——采光材料的透射比，窗类型表确定；

　　　τ_c——窗结构的挡光折减系数，窗类型表确定；

　　　τ_w——窗玻璃的污染折减系数，和房间洁净度、玻璃倾角以及是否属于多雨地区有关。

"门窗类型"对话框如图 3-27 所示。窗框类型可以选择，它影响结构挡光系数。玻璃也可以选择，它影响玻璃透射比。

3. 遮阳类型

屏幕菜单命令："设置"→"遮阳类型"（ZYLX）。

采光模拟计算对外部及自身的遮挡是十分敏感的，因此当外窗有遮阳措施时，须体现在模型中。

图 3-27　"门窗类型"对话框

采光分析软件提供了若干种固定遮阳形式的设置，常见的外遮阳形式有平板遮阳、百叶遮阳等，如图 3-28 所示。

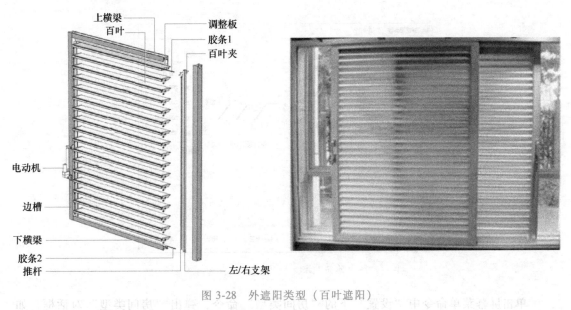

图 3-28　外遮阳类型（百叶遮阳）

"遮阳类型"命令用于命名和添加多种遮阳设置，然后赋给外窗，可反复修改。描述平板遮阳的参数，如图 3-29 所示。

描述百叶遮阳的参数，如图 3-30 所示。

外遮阳类型与计算参数是相对应的，参数必须在"外遮阳类型"的对话框中设置或修改。

4. 房间类型

屏幕菜单命令："设置"→"房间类型"（FJLX）。

房间类型决定采光要求，即采光等级，不同等级对采光系数（或照度）有不同的要求。此外房间类型还决定了洁净程度：清洁、一般污染、严重污染。对于民用建筑而言采光房间的洁净度都是"清洁"。可单独设置不同房间类型的反射比，其中默认值为"采光设置"中反射比的设置数值。

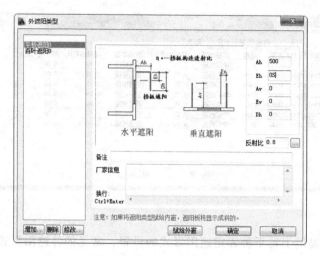

图 3-29 "外遮阳类型"对话框——平板遮阳

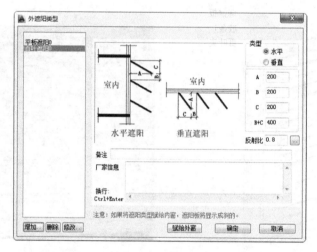

图 3-30 "外遮阳类型"对话框——百叶遮阳

单击屏幕菜单命令中"设置"下的"房间类型"命令,弹出"房间类型"对话框,如图 3-31 所示。

可以选中房间类型,然后单击"图选赋给"按钮,就能直接更改图中的房间类型。房间类型修改后,房间名称、颜色都对应修改,不同颜色对应不同的采光等级。也可以根据图中的房间名称,自动设置房间类型,房间名称和类型的匹配关系用户可以设置。

5. 布导光管

屏幕菜单命令:"设置"→"布导光管"(BDGG)。

该命令用于弥补房间内不利区域的采光。

操作方法:单击屏幕菜单命令中"设置"下的"布导光管"命令,弹出"布导光管"对话框,如图 3-32 所示,设置相关参数。

"维护系数":相当于污染系数、洁净系数的含义。

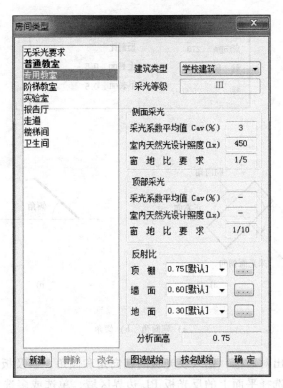

图 3-31 "房间类型"对话框

图 3-32 "布导光管"对话框

"系统效率"：即《建筑采光设计标准》（GB 50033—2013）表 D.0.4 中的透光折减系数。

6. 反光板

屏幕菜单命令："设置"→"反光板"（FGB）。

该命令用于弥补房间内不利区域的采光，优化室内采光效果。

操作方法：单击屏幕菜单命令中"设置"下的"反光板"命令，弹出"反光板"对话框，如图 3-33 所示，设置相关参数。

设置参数内容包括：

"朝向角"：屏幕正右向与反光板法向水平投影线之间的逆时针夹角（图 3-34）。

"倾角"：板面与水平面的夹角（图 3-34）。

操作步骤如下：

① 绘制反光板水平投影的闭合多段线。

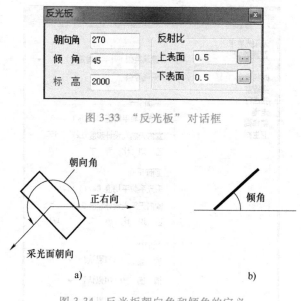

图 3-33 "反光板"对话框

图 3-34 反光板朝向角和倾角的定义

a）朝向角　b）倾角

② 执行命令后弹出对话框，输入反光板的朝向角和倾角，以及板上某个特征点的标高。

③ 命令行提示：选择平面上的反光板 PL 边界区域，单选或多选多段线。

④ 命令行提示：点取特征点，该点标高等于对话框上输入的标高值。

绘制的反光板如图 3-35 所示。

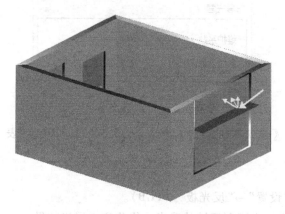

图 3-35　绘制的反光板示意图

7. 内区轮廓

屏幕菜单命令："设置"→"内区轮廓"（NQLK）。

在计算内区采光之前需要确认内区的范围，即内区轮廓。根据《绿色建筑评价标准》（GB/T 50378—2019）对内区的定义可知，内区是针对外区而言的，外区一般为距离建筑外围护结构 5m 范围的区域，采光分析软件可根据建筑外轮廓线自动向内部缩 5m，形成内区轮廓，如图 3-36 所示。

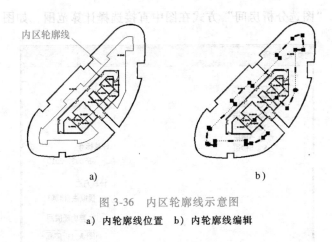

图 3-36 内区轮廓线示意图

a) 内轮廓线位置 b) 内轮廓线编辑

特别提示：内区轮廓支持手动编辑，单击自动生成的内区轮廓，可对节点进行编辑，如增加、删减、拖拽。

8. 房间显示

屏幕菜单命令："设置"→"房间显示"（FJXS）。

通过控制切换"文本图""网格图"的显示状态，提供多种图面显示策略，方便查看不同类型的计算结果，如图 3-37 所示。

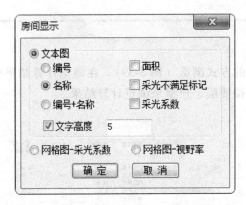

图 3-37 "房间显示"对话框

9. 结果擦除

屏幕菜单命令："设置"→"结果擦除"（JGCC）。

该命令快速擦除采光分析生成的小时数点，这是一个过滤选择对象的删除命令。通常分析后的图线或数字对象数量很大，用户可以选择键盘输入 ALL、框选或点选等方式进行。

3.4.2 采光计算

屏幕菜单命令："基本分析"→"采光计算"（CGJS）。

用于全面计算建筑的采光系数，并以表格或计算书的形式给出计算结果，根据用户选定的计算范围，可能有较长的计算等待时间。

首先确定计算范围，可以在左侧房间列表中按楼层、户型和房间选择要计算和输出的目标房间，也可以以"图选分析房间"方式在图中直接选择计算范围，如图3-38所示。

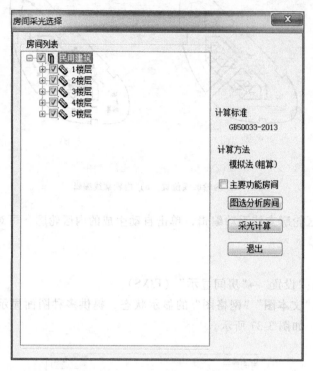

图 3-38　选择计算范围

计算结果可以以表格的方式浏览（图3-39）。在浏览计算结果时，左边的树状结构决定了右边表格的内容，可以按楼层、户型来浏览计算结果。

分类	采光等级	采光类型	房间面积	采光系数C(%)	采光系数标准值(%)	结论
□ 1-A						
1001[卧室]	IV	侧面采光	13.53	2.80	2.00	满足
1005[卧室]	IV	侧面采光	16.87	2.86	2.00	满足
1009[起居室]	IV	侧面采光	18.66	1.62	2.00	不满足
1015[卫生间]	V	侧面采光	5.11	1.72	1.00	满足
1027[餐厅]	V	侧面采光	9.33	1.12	1.00	满足
1031[卧室]	IV	侧面采光	13.74	2.16	2.00	满足
1037[厨房]	IV	侧面采光	6.79	1.26	2.00	不满足
1041[卫生间]	V	侧面采光	4.15	2.01	1.00	满足
▶ ⊞ 1-B						
⊞ 1-D						
⊞ 1-D						

图 3-39　采光计算结果浏览

特别提示：只计算主要功能房间的采光系数时，可以通过勾选"主要功能房间"来实现。

3.4.3　采光分析报告

屏幕菜单命令："基本分析"→"采光报告"（CGBG）。

提取"采光计算"计算结果，可以用 Word 格式输出住宅、医院、学校、民用等版式的采光报告，或将计算结果输出到 Excel 表格中，如图 3-40 和图 3-41 所示。

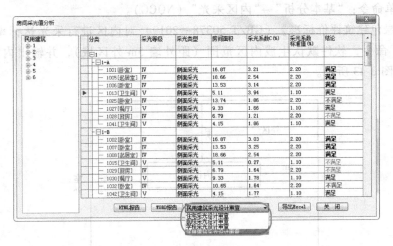

图 3-40　报告模板选择

建筑采光分析报告书

工程名称	学生宿舍楼-采光分析案例工程
设计编号	20191001
建设单位	××建设有限公司
设计单位	××设计院
审核人	×××
审定人	×××
计算日期	2019年10月1日

采用软件	采光分析DALI2018
软件版本	20180707
研发单位	
正版授权码	
服务热线	

图 3-41　建筑采光分析报告书

3.4.4　内区采光分析

屏幕菜单命令："基本分析"→"内区采光"（NQCG）。

依据《绿色建筑评价标准》（GB/T 50378—2019）对内区进行采光达标率统计，利用"内区轮廓"命令，软件默认生成内区范围（距外墙 5m 外区域），并输出内区采光报告，如图 3-42 和图 3-43 所示。

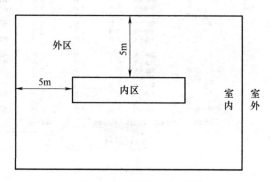

图 3-42　内区范围示意图

图 3-43　内区采光结果浏览

3.4.5　采光达标率

屏幕菜单命令："基本分析"→"达标率"（DBL）。

依据《绿色建筑评价标准》（GB/T 50378—2019）统计采光达标率并输出报告，如图 3-44 和图 3-45 所示。依据标准规定，达标率采用平均采光系数。

3.4.6　视野计算

屏幕菜单命令："基本分析"→"视野计算"（SYJS）。

用于全面计算建筑的地下室采光达标率，并在命令行输出计算结果。视野率分析彩图，如图 3-46 所示。可根据输入的像素宽度生成彩图，以便更直观地展示视野计算结果。

3.4.7　视野分析报告

屏幕菜单命令："基本分析"→"视野报告"（SYBG）。

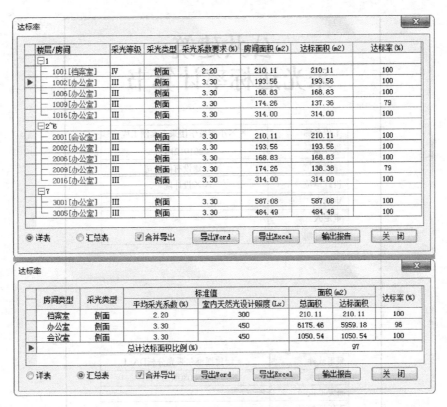

图 3-44 达标率结果浏览

依据"视野计算"命令分析的结果及《绿色建筑评价标准》（GB/T 50378—2019）输出视野分析报告，如图 3-47 所示。

3.4.8 窗地比分析

屏幕菜单命令："基本分析"→"窗地比"（CDB）。

《建筑采光设计标准》（GB 50033—2013）及《绿色建筑评价标准》（GB/T 50378—2019）都对窗地面积比（即窗地比）有要求，因此窗地面积比计算结果提供两种查看方式，如图 3-48 所示。由于窗地比没有考虑室外环境的遮挡，也没有考虑室内房间形状的多样性，当按《建筑采光设计标准》要求进行分析时通常只能用于制订方案阶段的采光估算，粗略地判断是否满足采光的要求。

3.4.9 辅助分析

1. 单点分析

屏幕菜单命令："辅助分析"→"单点分析"（DDFX）。

该命令通过点取楼层框内一点计算该点采光系数，并标注到点取位置。计算高度默认是工作面高，民用建筑为 750mm，工业建筑为 1000mm。如果需要，用户也可以设置不同于工作面高的计算高度，如图 3-49 所示。

公共建筑
采光达标率计算书

工程名称	××小学教学楼采光案例工程
设计编号	20191218
建设单位	××建设有限公司
设计单位	××设计院
审核人	
审定人	
计算日期	

采用软件	绿建斯维尔采光分析DALI
软件版本	20200808(SP1)
研发单位	
正版授权码	
服务热线	

图 3-45　达标率计算书

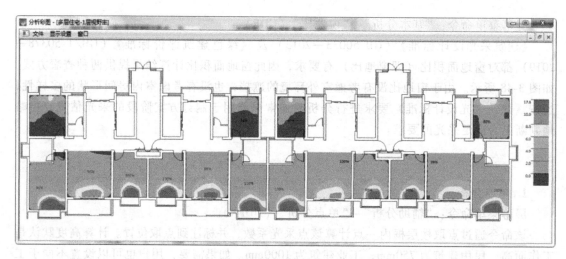

图 3-46　视野率分析彩图

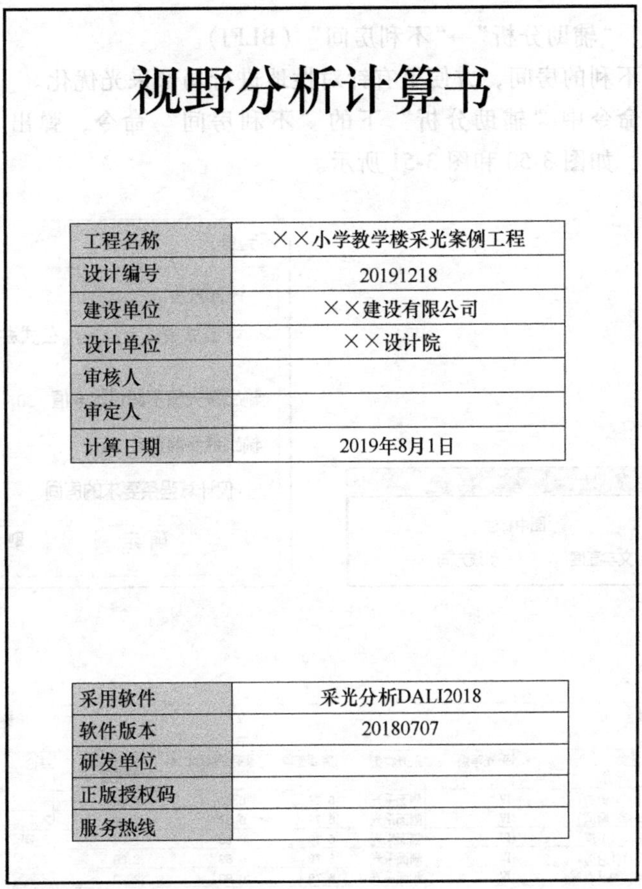

视野分析计算书

工程名称	××小学教学楼采光案例工程
设计编号	20191218
建设单位	××建设有限公司
设计单位	××设计院
审核人	
审定人	
计算日期	2019年8月1日

采用软件	采光分析DALI2018
软件版本	20180707
研发单位	
正版授权码	
服务热线	

图 3-47　视野分析计算书

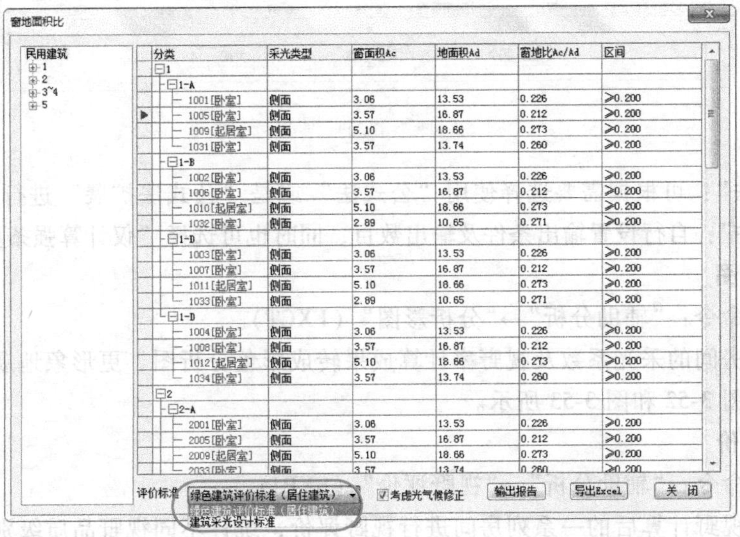

分类	采光类型	窗面积Ac	地面积Ad	窗地比Ac/Ad	区间
1					
1-A					
1001[卧室]	侧面	3.06	13.53	0.226	≥0.200
1005[卧室]	侧面	3.57	16.87	0.212	≥0.200
1009[起居室]	侧面	5.10	18.66	0.273	≥0.200
1031[卧室]	侧面	3.57	13.74	0.260	≥0.200
1-B					
1002[卧室]	侧面	3.06	13.53	0.226	≥0.200
1006[卧室]	侧面	3.57	16.87	0.212	≥0.200
1010[起居室]	侧面	5.10	18.66	0.273	≥0.200
1032[卧室]	侧面	2.89	10.65	0.271	≥0.200
1-D					
1003[卧室]	侧面	3.06	13.53	0.226	≥0.200
1007[卧室]	侧面	3.57	16.87	0.212	≥0.200
1011[起居室]	侧面	5.10	18.66	0.273	≥0.200
1033[卧室]	侧面	2.89	10.65	0.271	≥0.200
1-D					
1004[卧室]	侧面	3.06	13.53	0.226	≥0.200
1008[卧室]	侧面	3.57	16.87	0.212	≥0.200
1012[起居室]	侧面	5.10	18.66	0.273	≥0.200
1034[卧室]	侧面	3.57	13.74	0.260	≥0.200
2					
2-A					
2001[卧室]	侧面	3.06	13.53	0.226	≥0.200
2005[卧室]	侧面	3.57	16.87	0.212	≥0.200
2009[起居室]	侧面	5.10	18.66	0.273	≥0.200
2033[卧室]	侧面	3.57	13.74	0.260	≥0.200

图 3-48　窗地面积比结果浏览

2. 不利房间

屏幕菜单命令："辅助分析"→"不利房间"（BLFJ）。

列出采光效果不利的房间，方便更有针对性地进行局部采光优化。

单击屏幕菜单命令中"辅助分析"下的"不利房间"命令，弹出"不利房间"对话框，设置相关参数，如图 3-50 和图 3-51 所示。

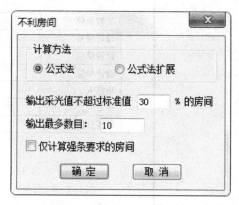

图 3-49 "单点分析"对话框   图 3-50 "不利房间"对话框

图 3-51　不利房间结果浏览

"计算方法"：可根据需要选择使用"公式法"或是"公式法扩展"进行计算。

"输出条件"：自行设置输出条件及输出数目，同时也可选择"仅计算强条要求"的房间。

3. 分析彩图

屏幕菜单命令："辅助分析"→"分析彩图"（FXCT）。

该命令把房间的采光系数及视野率计算成果转成彩色分析图，更形象地展示平面采光和视野状况，如图 3-52 和图 3-53 所示。

4. 视野评价

屏幕菜单命令："辅助分析"→"视野评价"（SYPJ）。

该命令对视野计算后的一系列房间进行视野评价，统计不同视野品质级别的比例，给出表格和饼图，如图 3-54 所示。

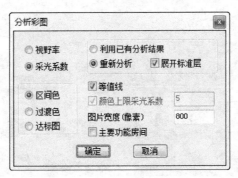

图 3-52 "分析彩图"对话框

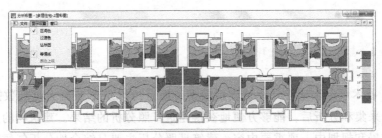

图 3-53 采光分析效果图

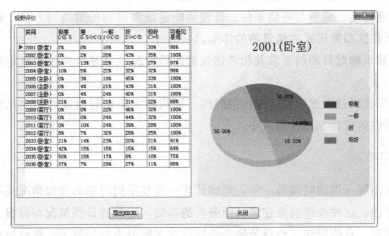

图 3-54 视野评价结果浏览

习　题

1. 采光设计时可采用哪些措施减小不舒适眩光？
2. 简述采光计算的三种方法。
3. 采光软件的特点有哪些？
4. 采光软件数据提取命令会提取哪些数据？
5. 简述使用采光软件时建筑模型检查的步骤。

第4章 绿色建筑的日照分析

■ 4.1 建筑日照分析概论

利用 BIM 技术可以快速建立建筑虚拟模型，而且可以从中获得大量的数据信息，当对这些数据进行采集和分析后，能够方便地获得建筑日照分析的结果。建筑物的日照和采光已经成为建筑布局和规划中一项重要内容。建筑日照分析主要是综合地分析气候区域、有效时间、建筑形态、日照法规等，主要解决以下问题：

1）按地理纬度、地形与环境条件，合理地确定城乡规划的道路网方位、道路宽度、居住区位置、居住区布置形式和建筑物的体形。

2）根据建筑物对日照的要求及相邻建筑的遮挡情况，合理地选择和确定建筑物的朝向与间距。

3）根据阳光通过采光口进入室内的时间、面积和太阳辐射角度等的变化情况，确定采光口及建筑构件的位置、形状及大小。

4.1.1 日照原理

地球绕太阳转一周的时间是一年，地球任意一点在不同时刻的光照情况是不一样的，但是呈现出规律性，这种规律就是建筑日照分析的基础。建筑的日照情况与海拔、经纬度、季节等有直接关系，众所周知，地球公转是指地球在太阳引力的控制下，地球在一个近似椭圆形的轨道上做逆时针旋转，因此，太阳与地球的距离是逐日变化的，地球公转一周的时间为365 天 5 小时 48 分 46 秒（即一回归年）。地球公转的平面称为黄道面，由于地轴是倾斜的，地轴与黄道面之间的夹角始终保持在 23°27′，如图 4-1 所示，这也是地球一年四季变换的原因。

实际上，太阳是一个点光源，但是因为太阳与地球之间的距离非常远，在地球上接收到的太阳光经过这么遥远的距离几乎是平行的，因此，一般认为到达地球的太阳光线为平行光线，地日距离视为无穷远。地球每自转一周的时间是一天，即每个小时自转的角度是"地球每一天公转的角度小于 1°"，因此，可以近似地认为在同一天，相同纬度不同经度地点的日照情况是一样的，即日照情况只与纬度有关，而与经度无关。

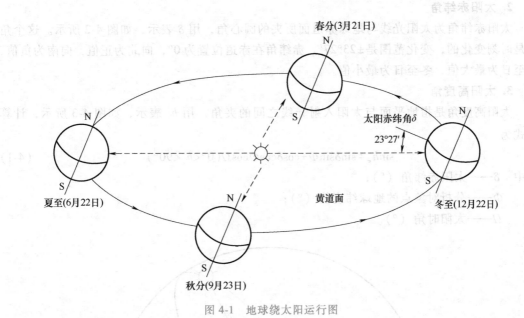

图 4-1 地球绕太阳运行图

4.1.2 日照参数

地球上某一点的日照情况与日期和该点纬度有关，而日期又直接决定当天某时刻的太阳时角、太阳赤纬角、太阳高度角、太阳方位角及当天的日出和日落时间。

1. 太阳时角

太阳时角是指太阳所在位置的地球经度平面与本初子午线（地球上的 0° 经线）之间的夹角，通常用 Ω 表示，如图 4-2 所示。从日照原理可知，地球每小时自转 15°，设时间为 $t(0 \leqslant t < 24)$，则 $\Omega = 15t$。

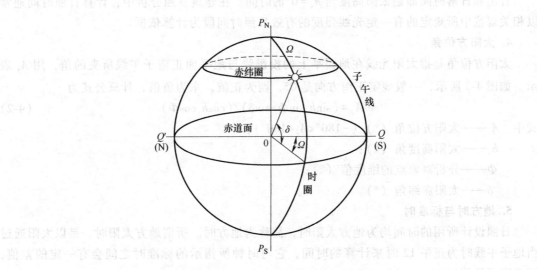

图 4-2 赤道坐标系——赤纬角和时角

2. 太阳赤纬角

太阳赤纬角为太阳光线与地球赤道面所夹的圆心角，用 δ 表示，如图 4-2 所示。这个角度是时刻变化的，变化范围是 $\pm 23°27'$。赤纬角在赤道位置为 $0°$，向北为正值，向南为负值，夏至日为最大值，冬至日为最小值。

3. 太阳高度角

太阳高度角是指地平面与太阳入射光线之间的夹角，用 h_s 表示，如图 4-3 所示，计算公式为

$$\sin h_s = \sin\delta\sin\varPhi + \cos\delta\cos\varPhi\cos\varOmega\,(0°<h_s<90°) \tag{4-1}$$

式中　δ——太阳赤纬角（°）；

　　　$\varPhi$——分析对象点的地球纬度值（°）；

　　　$\varOmega$——太阳时角（°）。

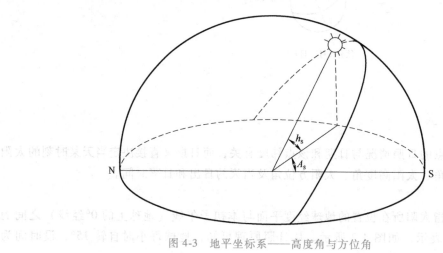

图 4-3　地平坐标系——高度角与方位角

日出和日落时间即是太阳高度角 $h_s = 0°$ 的时间。在建筑日照分析中，计算日照时间通常以相关规范中所规定的有一定光线强度的有效日照时间段为计算依据。

4. 太阳方位角

太阳方位角是指太阳光线在地面平上的投影线与地平面正南子午线所夹的角，用 A_s 表示，如图 4-3 所示，一般规定正南方向是 $0°$，西为正值，东为负值，计算公式为

$$\cos A_s = (\sin h_s \sin\varPhi - \sin\delta)/(\cos h_s \cos\varPhi) \tag{4-2}$$

式中　A_s——太阳方位角（°）（$-180°<A_s<180°$）；

　　　h_s——太阳高度角（°）；

　　　$\varPhi$——分析对象点的维度值（°）；

　　　δ——太阳赤纬角（°）。

5. 地方时与标准时

日照设计所用的时间均为地方太阳时，简称为地方时。所谓地方太阳时，是以太阳通过当地子午线时为正午 12 时来计算的时间，它与时钟所指示的标准时之间会有一定的差值，两者需要换算。

确立地球上时间基准的重要因素是地球的经度。全球共划分为 360 条经线，通过英国格

林尼治天文台的经线称为本初子午线，定为 0°，由此往东、西各分 180°，分别称为东经、西经。所谓标准时，就是各国家所处的地理范围，规定所辖地区的时间统一以某一条子午线的时间为标准时间，如我国的标准时间是以东经 120° 子午线的时间作为北京时间的标准。显然，以太阳正对某地子午线的时刻为中午 12 时所推算的时间，就是地方太阳时。地方太阳时和标准时的换算关系的近似计算公式为

$$T_0 = T_m + 4(L_0 - L_m) \tag{4-3}$$

式中　T_0——标准时（h）；

　　　T_m——地方太阳时（h）；

　　　L_0——标准时子午圈的经度（°）；

　　　L_m——某地子午圈的经度（°）。

基于以上参数，在确定监测点的经纬度和检测日期之后，即可求出其他参数。

4.1.3　建筑物本身参数

建筑物本身参数包括很多方面，如，建筑高度、朝向、形状、窗台数目、窗台位置等。建筑高度指建筑物室外地面到其墙顶部或檐口的高度。建筑朝向本身决定了建筑物的采光情况，根据我国的地理环境，几何体形的朝南方向没有永久阴影区，也没有自身遮蔽的情况，接收阳光的窗台大多开设在朝南方向。为了减少自遮蔽和永久阴暗区，在建筑物群比较大的情况下，一般采用凹形或异型建筑以增加受阳墙体的面积。

4.1.4　建筑日照分析的方式

目前，日照分析最基本的衡量标准是建筑获得日照的状况和有效的日照时间，根据我国所处地理位置的特点，以及建筑物所处的气候区、城市大小和建筑物的使用性质确定的，要求满足在规定的日照标准日（冬至日或大寒日）的有效日照时间范围内，以底层窗台面为计算起点的建筑外窗获得的日照时间。例如，住宅设计标准要求每套居民住宅必须有一间居室获得日照，日照时间为分别在大寒日 2h 或冬至日 1h 连续满窗日照。对卫生要求特别的建筑物，如托儿所、幼儿园等，该标准提高为每间活动室或者居室都必须获得日照，而且连续满窗日照时间为 3h。因此，在设计过程中，应根据建筑物的特点，除了在平面组合时考虑有关房间的朝向及可能的开窗面积外，在形体组合时还要考虑是否对日照造成遮挡，在总平布置时则要注意基地的方位、建筑物的朝向，以及注意保持建筑物之间的日照间距等。

由于建筑日照计算的工作量较大，特别是同时分析多栋建筑物的日照结果时，计算量巨大，如果采用手工作图的方式，效率非常低，而且计算结果的精确度也会大打折扣，这些问题都可以借助 BIM 的建筑日照分析软件来进行辅助分析。目前日照分析采用阴影分析等较直观的形式。阴影分析是在给定平面上绘制各遮挡物所产生的各个时刻的阴影轮廓线，如图 4-4 所示。其中建筑日照阴影线是指建筑物遮挡太阳光线产生阴影的边界线，建筑日照阴影线范围即建筑物北向轮廓与阴影线围合而成的区域。标准的建筑日照阴影线范围是指满足日照要求最小时数的阴影线交集与建筑物北向轮廓线围合而成的范围。通过阴影分析，可以看到一定时间段在一定高度的阴影图，各栋楼层遮挡和被遮挡情况，这种表达方式直观明了、易于操作，是建筑规划设计和管理过程中最常用到的日照分析计算结果表达方式。

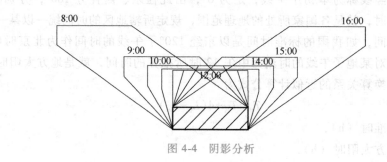

图 4-4　阴影分析

■ 4.2　日照分析软件概要

4.2.1　日照分析软件特点

日照分析软件具有以下特点：

1) 支持《建筑日照计算参数标准》（GB/T 50947—2014）及全国各地方标准要求。
2) 建模工具丰富，支持复杂建筑形态的日照分析。
3) 支持建筑物命名和编组，便于厘清遮挡关系和责任。
4) "单总分析"为设计师提供准确、高效的建模及分析手段。
5) 提供多种定量分析手段，满足常规分析需求。
6) 提供绿地日照分析功能，对公共绿地进行精确分析。
7) 提供日照仿真，模拟真实日照状况。
8) 提供太阳能系统多种分析计算功能，轻松确定最佳采光集热板面积、位置和经济性。

4.2.2　日照分析软件安装和启动

日照分析软件的安装过程直观明了。从官网上下载日照分析软件安装包，解压后直接双击运行 Sun2018.exe 程序，在弹出安装对话框中单击下一步后完成程序安装，安装完成后将在桌面上建立启动快捷图标"日照分析 Sun"。单击该快捷图标即可启动日照分析软件。

4.2.3　日照分析软件界面介绍

日照分析软件界面如图 4-5 所示。日照分析软件的屏幕菜单命令总共分为总、单、辐三个功能模块。

总：集中列出日照建模及相关分析计算的功能，并按适用范围层次分明地分入单总分析、常规分析、高级分析、方案分析中。

单：独立完成单体建筑模型的建立和检查，使 Sun 拥有了兼容性的同时又保证了其独立性。

辐：即太阳能，本模块包含太阳能利用相关的各计算分析功能。

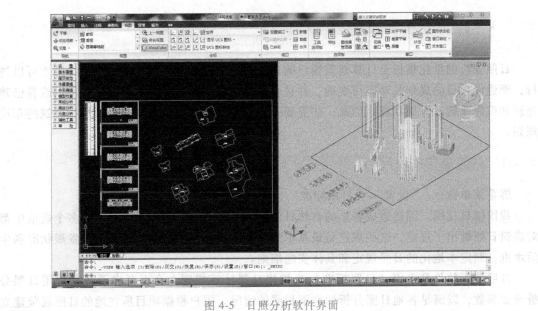

图4-5 日照分析软件界面

4.2.4 日照分析软件操作流程

对建筑物进行日照分析的操作步骤如下：

① 构建日照模型。日照分析模型包括如下内容：建筑轮廓、日照窗（通常只需要首层）、复杂屋顶、阳台。其中建筑轮廓是必需的；如果是初期方案或遮挡建筑，可能没有日照窗；复杂屋顶和阳台则根据是否需要考虑其遮挡作用决定建模或不建。

建筑轮廓：用 PLine 绘制闭合的建筑物外轮廓线，再利用"建筑高度"命令赋予建筑物外轮廓线给定的高度，生成建筑物体量模型。对于复杂建筑物可以将建筑模型像堆积木一样叠加起来。

日照窗：采用软件提供的各种插入方式将需计算日照的窗户插入到建筑模型上。

复杂屋顶：对于复杂形状的坡屋顶，可以利用各种屋顶命令或体量模型生成，并置于"建筑-屋顶"图层中。

阳台：利用"阳台"命令给建筑物添加参与遮挡阳光的阳台对象。

② 获取分析结果。报审时，按当地有关部门的规定，提交所需的日照分析结果图表，如日照窗报批表、等照时线图等。对拟建建筑的方案进行优化，获取较佳的建筑形态方案。

综合分析后，调整建筑布局，得到合理合法的规划设计。

③ 校核分析结果。利用软件提供的辅助分析工具，如"单点分析""日照时刻""定点光线""光线圆锥""线上日照"及"日照仿真"等检验"窗报批表"结果，不同的分析手段，结果和结论应当一致。

④ 输出日照报告。利用软件提供的"日照报告"命令输出并完善 Word 格式的日照报告。

■ 4.3 日照分析前准备

日照分析的量化指标是计算建筑窗户的日照时间，需要在建筑物布局确定之后才可以进行，而建设项目的规划是动态可变的，并且合理地进行拟建建筑的布局修改，可以改善已建建筑和拟建建筑的日照状况，因此，还需要一系列的辅助工具来帮助规划师进行建筑的布局规划。

4.3.1 日照设置

屏幕菜单命令："设置"→"日照标准"（RZBZ）。

我国幅员辽阔，因此造成各地的自然日照时间差别很大，建设主管部门在多个规范中都对建筑日照做出了规定，这些规定是最基本的。不同地区可以根据当地的经济发展状况和生活水准，制定本地化的日照规定和具体实施细则。

日照分析软件是采用"日照标准"来描述日照计算规则，全面考虑了各种常用日照分析设置参数，以满足各地日照分析标准不相同的情况。用户根据项目所在地的日照规范建立日照标准，并且将其设为当前标准，用于规划项目的日照分析。"日照标准"对话框如图 4-6 所示。

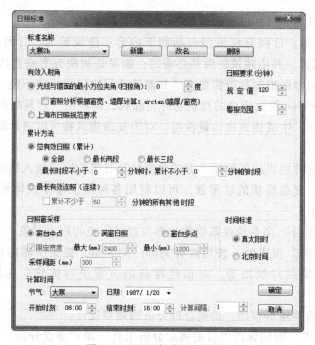

图 4-6 "日照标准"对话框

"日照标准"对话框选项解释如下：

"标准名称"：软件中默认包含了几个常用日照标准，用户可以根据工程所在地的地方日照规定设定对话框中的参数自建标准，然后命名存盘。

"有效入射角"的三种设定方式：

1）设定日光光线与含窗体的墙面之间的最小水平投影方向夹角。

2）根据窗宽和窗体所在墙的厚度计算日光光线照入室内的最小夹角。

3）按上海市政府规定的表格内容执行。

"累计方法"的两种设置方法：

（1）总有效日照（累计）　以 最长时段不小于 0 分钟时，累计不小于 0 分钟的时段 为条件，提供三种方式：

1）累计全部。累计满足条件的所有有效日照时间段。

2）最长两段。累计满足条件的最长两段有效日照时段。

3）最长三段。累计满足条件的最长三段有效日照时段。

特别提示：不满足条件时，不累计时段。

（2）最长有效连照（连续）

1）不勾选 累计不少于 60 分钟的所有其他时段 时，只计算最长一段时段。

2）勾选 累计不少于 60 分钟的所有其他时段 时，则在计算最长一段时段基础上，把满足条件的所有其他时段累计进来。

"日照窗采样"的三种采样方法：

1）窗台中点。当日光光线照射到窗台外侧中点处时，该窗的日照即算作有效照射。

2）满窗日照。当日光光线同时照射到窗台外侧两个下角点时，算作该窗的有效照射。

3）窗台多点。当日光光线同时照射到窗台多个点时，算作该窗的有效照射。

"计算时间"：进行日照分析的日期、时间段及计算间隔设置。

1）日期。计算采用的节气、日期。

2）时间段。开始时刻和结束时刻。大寒日 8：00~16：00，冬至日 9：00~15：00。

3）计算间隔。间隔多长时间计算一次。计算间隔越小结果越精准，但计算耗时更长。

"时间标准"：真太阳时和北京时间。

所谓真太阳时，是将太阳处于当地正午时定为真太阳的 12：00，通常应使用真太阳时作为时间标准。

"日照要求"：最终判断日照窗是否满足日照要求的规定日照时间，低于此值不合格，日照分析表格中用红色标识。警报时间范围可以设置临界区域，即危险区域，接近不合格规定时日照分析表格中用黄色标识。

4.3.2　总图建模

开始日照分析前，需要构建日照 BIM 模型，对于复杂情况，还需要将建筑物按建设档期或隶属关系的不同进行编组。日照分析软件提供了丰富的建模工具快速形成建筑 BIM 模型。

1. 基本建模

日照模型最基本部分由建筑轮廓、日照窗、阳台构成。

（1）建筑高度　屏幕菜单命令："基本建模"→"建筑高度"（JZGD）。

该命令创建代表建筑体量部分的建筑轮廓。有两个功用：一是，把代表建筑物轮廓的闭合多段线赋予一个给定高度和底标高，生成三维的建筑轮廓模型；二是，对已有建筑轮廓重新编辑高度和标高。该命令不能为模

建筑高度

型命名和编组，但编辑已有建筑轮廓时已经命名和编组的信息将保留。

建筑高度表示的是竖向恒定的拉伸值，如果一个建筑物的高度分成几部分参差不齐，应分别赋给高度。圆柱状甚至是悬空的遮挡物，都可以用该命令建立，如图4-7所示。

图4-7　建筑轮廓的编辑

（2）创建模型　屏幕菜单命令："基本建模""创建模型"（CJMX）。

该命令与"建筑高度"命令相似，也是创建建筑轮廓的工具，不同的是，交互在对话框上实现，且支持建筑命名和编组。模型按对话框中的建筑高度和建筑底高生成，建筑名称和编组名称不是必填项目，如果填写就附带完成了命名和编组，否则为无名无组模型，如图4-8所示。

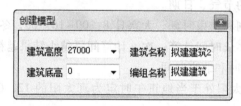

图4-8　"创建模型"对话框

（3）导入建筑　屏幕菜单命令："基本建模"→"导入建筑"（DRJZ）。

该命令支持导入节能设计软件中的模型，支持内部楼层表和外部楼层表（楼层框）两种情况。

导入建筑的必要条件：

1）建筑图中每层都有建筑轮廓对象。

导入建筑

2）有正确的楼层表（内部楼层表或楼层框），层号无重叠无间断。

（4）多层阳台　屏幕菜单命令："基本建模"→"多层阳台"（DCYT）。

该命令创建阳台模型，当需要阳台参与日照分析时采用该命令创建阳台。提供四种绘制方式，可根据重复层数一次创建同列的 N 层阳台，如图4-9所示。

多层阳台

操作步骤如下：

1）设置阳台参数。

2）确定重复层数和层高。

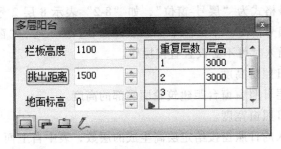

图4-9 阳台创建对话框

3）根据需要，在四种绘制方式中选择一种方式。

"直线阳台"：绘制平行于直外墙的直线型阳台，适于直墙。从阳台的起点到终点为阳台长度，对话框上的挑出距离为阳台偏移出墙距离。

"偏移生成"：绘制从外墙向外等距偏移的阳台，适合沿任意形状的墙体，如图4-10所示。

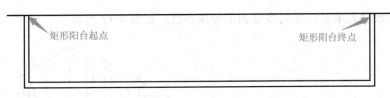

图4-10 由外墙偏移生成的阳台

"基线生成"：绘制任意形状的阳台，适用于各种形状的墙体。依据事先绘制的多段线作为阳台轮廓线与墙体外边线围成的区域生成阳台，起始点和终止点需落在外墙的外皮上。该方式适用范围比较广，可创建直线阳台、转角阳台、阴角阳台、凹阳台、弧线阳台等复杂形状的阳台。

"自绘阳台"：该方式与"基线生成"本质是一样的，区别在于该方式的多段线阳台轮廓线"现用现绘"，而不是事先绘制好的。

（5）顺序插窗 屏幕菜单命令："基本建模"→"顺序插窗"（SXCC）。

在建筑物轮廓上点取某个边，在这个边所代表的面上按顺序插入一系列日照窗，并附有编号。对于立面凸凹不平的建筑物，每面墙上需要单独插，不可连续。点取轮廓边线后，弹出"顺序插窗"对话框，如图4-11所示。

顺序插窗

图4-11 "顺序插窗"对话框

"顺序插窗"对话框选项和操作解释：

"层号"和"窗位"：框内数值为插入的日照窗的起始编号，其他所有的日照窗以此为起始号顺序排列，编号格式为"层号-窗位"，如"8-2"表示8层2号位的窗户。可以在三维或立面视图中查看编号情况，平面图中仅显示窗位号。插入时，"窗位"框内的序号随插入而递增更新，下次插入时可不必设置直接操作。

"窗高"：插入的日照窗高度。

"窗台标高"：首层日照窗窗台距建筑轮廓底部的高度。

"窗宽"：插入的日照窗宽度。

"重复层数"：插入的日照窗按给定层高生成的层数，表中自上而下对应1，2，…。

"层高"：楼层高度，相邻两层日照窗的间距，支持不等层高。

操作步骤如下：

① 单击屏幕菜单命令中"基本建模"下的"顺序插窗"命令，根据命令栏提示，点取体量模型的外墙线，搜索出插入起点。

② 在对话框上填入正确的数据。

③ 输入窗间距或"点取窗宽（W）、取前一间距（D）"。按需要输入数值或字母或在图中点取。

④ 可以一次插入单层、等高多层和不等高多层，如图4-12所示。

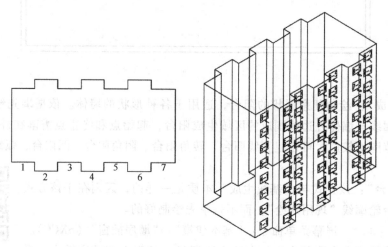

图4-12　建筑轮廓和日照窗

（6）**两点插窗**　屏幕菜单命令："基本建模"→"两点插窗"（LDCC）。

在建筑物轮廓上把窗台的左起始点到右结束点作为窗宽（面向室内），以对话框给定的层号和窗位作为起始编号，插入一系列日照窗；这种方式特别适合满墙插窗，如图4-13所示。

两点插窗

图4-13　"两点插窗"对话框

（7）等分插窗 屏幕菜单命令："基本建模"→"等分插窗"（DFCC）。

该命令在一面墙上按给定的数量均等插入一组日照窗。起始和终止的间距等于中间间距的一半，如图4-14所示。

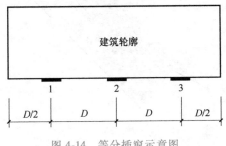

图 4-14 等分插窗示意图

2. 屋顶坡地

（1）人字坡顶 屏幕菜单命令："屋顶地面"→"人字坡顶"（RZPD）。

以闭合的多段线为边界，按给定的屋脊位置，生成标准人字坡顶。屋顶坡面的坡度可输入角度或坡度，可以指定屋脊的标高值。由于允许两坡具有不同的底标高，因此使用屋脊标高来确定屋顶的标高。人字坡顶参数设置如图4-15所示。

人字坡顶

图 4-15 人字坡顶参数设置

操作步骤如下：

① 准备一封闭的多段线作为人字坡顶的边界。

② 单击屏幕菜单命令中"屋顶地面"下的"人字坡顶"命令，在弹出"人字坡顶"对话框中输入屋顶参数，然后图中点取多段线。

③ 分别点取屋脊线起点和终点，如取边线则为单坡屋顶。

理论上只要是闭合的多段线就可以生成人字坡顶，用户依据屋顶的设计需求确定边界的形式，也可以生成屋顶后，使用右击的"布尔值编辑"对人字坡顶与闭合的多段线进行布尔运算生成复杂的屋顶，如图4-16所示。

（2）多坡屋顶 屏幕菜单命令："屋顶地面"→"多坡屋顶"（DPWD）。

由封闭的任意形状多段线生成指定坡度的坡形屋顶，可采用对象编辑单独修改每个边坡的坡度，以及用限制高度切割顶部为平顶形式。

多坡屋顶

操作步骤如下：

① 准备一封闭的多段线作为屋顶的边线。

② 单击屏幕菜单命令中"屋顶地面"下的"多坡屋顶"命令后，图中点取多段线。

③ 给出屋顶每个坡面的等坡坡度或接受默认坡度，按<Enter>键生成。

图 4-16 人字坡顶

④ 选中"多坡屋顶"通过右键"屋顶编辑"命令进入多坡屋顶编辑对话框,进一步编辑坡屋顶的每个坡面,还可以通过屋顶的夹点修改边界。

在多坡屋顶编辑对话框中,列出了屋顶边界编号和对应坡面的几何参数。单击电子表格中某边号一行时,图中对应的边界用一个红圈实时响应,表示当前处理对象是这个坡面,如图 4-17 所示。

边号	坡角	坡度	边长
▶ 1	30.00	57.7%	70700
2	30.00	57.7%	40000
3	30.00	57.7%	70700
4	30.00	57.7%	40000

坡屋顶

□ 限定高度 600

全部等坡
应用
确定
取消

图 4-17 多坡屋顶编辑对话框

可以逐个修改坡面的坡角或坡度,修改完后请单击"应用"按钮使其生效。"全部等坡"按钮能够将所有坡面的坡度统一为当前的坡面。多坡屋顶的某些边可以指定坡角为90°,对于矩形屋顶,表示双坡屋面的情况。

对话框中的"限定高度"复选框可以将屋顶在该高度上切割成平顶,如图 4-18 所示。

(3) 屋顶齐墙 屏幕菜单命令:"屋顶地面"→"屋顶齐墙"(WDQQ)。

通常新创建的屋顶标高(底面或屋脊)等于0,采用该命令将屋顶的屋面板底部与建筑轮廓的某个边上下对齐,也就是把屋顶放到建筑轮廓上。

操作步骤如下:

① 单击屏幕菜单命令中"屋顶地面"下的"屋顶齐墙"命令后,选取要对齐的屋顶。

② 再选取屋顶要对齐的建筑轮廓某个边,如图 4-19 所示。

(4) 设红线层 屏幕菜单命令:"屋顶地面"→"设红线层"(SHXC)。

该命令为"绿地日照"命令的使用做准备。

操作步骤如下:

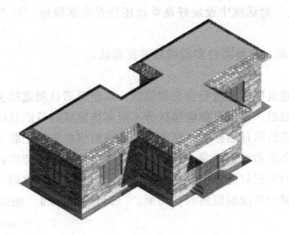

图 4-18　多坡屋顶限定高度后的效果

图 4-19　屋顶齐墙示意图

① 先绘制好要赋予的闭合多段线。

② 单击屏幕菜单命令中"屋顶地面"下的"设红线层"命令后，根据命令栏提示选择已有的闭合多段线后确认即可。

（5）绿地模型　屏幕菜单命令："屋顶地面"→"绿地模型"（LDMX）。

该命令用赋予的方式来生成绿地模型，如图 4-20 所示。

图 4-20　"区域设置"对话框

操作步骤如下：

① 先绘制好要赋予的闭合多段线。

② 单击屏幕菜单命令中"屋顶地面"下的"绿地模型"命令后弹出"区域设置"对话框。

③ 在"区域设置"对话框中设定好是草地还是乔灌草绿地、是否公共绿地、编号等相关参数信息。

④ 根据命令行提示，选择闭合多段线后右键确认。

3. 命名与编组

对于情况复杂的建筑群需要进行命名和编组，以便厘清日照遮挡关系和责任。建筑命名包括建筑名称和建筑编组，建筑名称能够区分不同客体建筑的日照状况，建筑编组能够区分不同建设项目对客体建筑的日照影响。建筑命名和编组信息分别记载于组成日照模型的图元上，但系统无法保证命名和编组的完全合理，用户应当恰当地维持这种逻辑上的合理性，即拥有同一个建筑命名的图元只能属于一个编组，而不应当出现组成同一建筑物的图元某些属于一个编组，另一些属于其他编组的混乱局面。"命名查询"和"编组查询"可以帮助避免这种逻辑错误。

（1）**建筑命名** 屏幕菜单命令："命名编组"→"建筑命名"（JZMM），如图 4-21 所示。

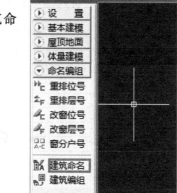

一个日照模型可能由多个建筑轮廓（包括日照窗和附属构件）构成，建筑命名把"零散"的部分归到同一名称下。"遮挡关系"等一系列分析都需要给每个建筑物赋予一个唯一的 ID。"创建模型"也可以给建筑命名。

建筑命名

操作步骤如下：

① 单击屏幕菜单命令中"命名编组"下的"建筑命名"命令，按命令栏提示输入建筑名称，如 A1、B2 等。

图 4-21 "建筑命名"命令

② 选择同属于一个建筑物的全部部件，包括建筑轮廓、日照窗、阳台、屋顶等。

③ 建筑名称的标注。

④ 按<Enter>键清除原有的建筑名称。

（2）**建筑编组** 屏幕菜单命令："命名编组"→"建筑编组"（JZBZ），如图 4-22 所示。

建筑编组

该命令为建筑群编组，便于分析不同建筑组对客体建筑的日照影响。

操作步骤如下：

① 单击屏幕菜单命令中"命名编组"下的"建筑编组"命令，在命令栏中输入建筑组名，如 A 组、NEW 组等。

② 手绘闭合多段线，将同属于一个编组的全部部件包含在内，切记一定要包括日照窗、阳台、屋顶等，也可以选择已有的闭合多段线。

③ 标注位置，右击不标。

该命令执行后屏幕没有可见的信息反馈，只能用"编组查询"命令进行查看结果。

图 4-22 "建筑编组"命令

通常按下列原则编组：拟建建筑分为一组，已建建筑分为一组；或者根据项目的建设档期或业主隶属关系进行编组。建议编组名称的顺序和建设时期的顺序保持一致，这样在日照窗报表中不同建筑组对客体建筑的日照影响才能正确叠加。

（3）命名查询　屏幕菜单命令："模型检查"→"命名查询"（MMCX）。

对已经命名的日照模型图元进行同名查询，查询结果同名图元全部亮显，并报告图元数目和其中的日照窗数目。

（4）编组查询　屏幕菜单命令："模型检查"→"编组查询"（BZCX）。

对已经命名的日照模型图元进行同组查询，查询结果同组图元全部亮显，并报告图元数目和其中的日照窗数目。

■ 4.4　单体日照分析

4.4.1　单总关系

1. 建总图框

屏幕菜单命令："单总分析"→"建总图框"（JZTK）。

该命令用于创建总图框对象，确定总图的范围以及对齐点。运行命令后，手动选取两个对角点及对齐点，设置内外高差后，总图框就生成了，如图4-23所示。

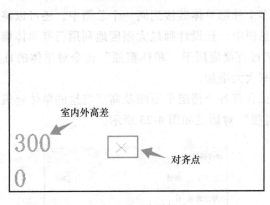

图 4-23　总图框

图 4-23 中，方框里"×"号的交点即对齐点，300 为内外高差，单位 mm，0 为楼层号或图号。

2. 本体入总

屏幕菜单命令："单总分析"→"本体入总"（BTRZ）。

在当前图中包含单体模型和总图时，该命令可将单体模型插入总图或将修改过的单体模型更新到总图，以建筑轮廓的形式展现在总图中，可更好地观察单体在总图中的位置、朝向及形态，迅速地发现单体模型不足之处，以便及时修改，如图4-24所示。

运行命令后，单体图会自动将其楼层平面图的对齐点与总图框的对齐点重合，并且按照楼层图中的指北针方向在总图中设定，生成一个建筑模型。

如果更改了楼层图的轮廓、高度或方向，运行该命令，总图中的建筑轮廓、标高及朝向也会随之更新。

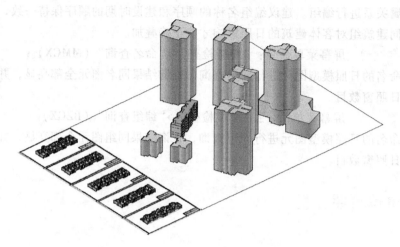

图 4-24　本体入总示意图

3. 单体链接

屏幕菜单命令："单总分析"→"单体链接"（DTLJ）。

在规划设计中经常会出现单体建筑的设计与总图规划同时进行的情况，已经在其他 dwg 文件上设计好的单体建筑如何在日照总图中建模，运行该命令即可。

该命令不但可以将多个外部单体链接到同一个总图中，还可以将同一个外部单体多次以任意角度链接到同一个总图中，让设计师最大限度地利用已有单体模型。

"单体链接"的成果可直接应用于"单体窗照"命令对单体的日照窗进行分析。两个命令配合使用可使工作效率大大增加。

该命令可以将某一张含有各个楼层平面图及高度信息的单体建筑 dwg 文件以链接的方式插入到总图中。"单体链接"对话框如图 4-25 所示。

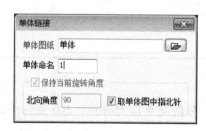

图 4-25　"单体链接"对话框

4.4.2　窗照时间

屏幕菜单命令："单总分析"→"窗照时间"（CZSJ）。

该命令是一个开关按钮，控制计算出来的各个窗户的日照时间在单体楼层图中是否显示。

4.4.3　单体窗照

屏幕菜单命令："单总分析"→"单体窗照"（DTCZ）。

分析单体窗照需要单体建筑和周边遮挡建筑同时存在，因此，使用该命令前需要先确定周边遮挡建筑。

该命令适用于规划、设计等各阶段，作用是对单体建筑中居住性空间的日照窗进行日照分析。

该命令应用前的准备工作如下：

1）通过单体模型和总图框把待分析建筑和总图建立在同一 dwg 文件下，或使用"单体链接"命令可快捷地将单体链接到总图。

2）需对准备分析的单体建筑进行"搜索房间""搜索户型"和"门窗整理"等命令操作，如图 4-26 所示。

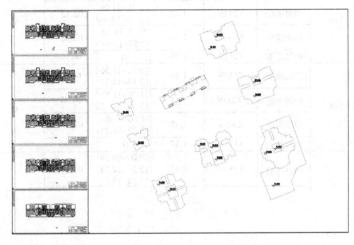

图 4-26 单体窗照分析示意图

运行"单体窗照"命令后，弹出"单体窗照"对话框，如图 4-27 所示，需要设定标准、地点、节气、开始时刻、结束时刻等参数。

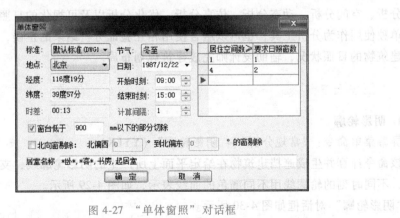

图 4-27 "单体窗照"对话框

"单体窗照"对话框还有以下几个功能：

1）切除窗户。通过勾选，设定是否切除某一高度下的窗户，高度由用户自行输入。

2）剔除北向窗户。通过勾选，确定是否剔除北向窗户，并且设定北向的范围。

3）设定界限值。设定某一户型的居住空间数超过某一值时要求满足日照的窗户数达到某一值。

4）选择分析对象。过滤需要进行日照分析的房间类型。

设定好所有参数后，单击"确定"按钮，程序进行计算，然后鼠标左键将计算出的数据以表格形式输出到 dwg 图中。输出表如图 4-28 所示。

分析标准：默认标准；地区：北京；时间：1987年12月22日(冬至)09:00~15:00；计算间隔：1分钟

窗照分析								
层号	户号	房间编号	窗编号	窗台高	日照时间	总有效日照	居住空间数	朝向
	1-A	1001卧室	T1819	1.35	10:25~11:27 13:06~14:07	02:03	4	南偏东27度
		1005主卧	T2119	1.35	09:50~11:06 12:50~13:46	02:12		南偏东27度
		1009客厅	CM-4	1.35	10:05~11:16 12:57~13:54	02:08		南偏东27度
		1031卧室	T2119	1.35	0	00:00		北偏东27度
	1-B	1002卧室	T1819	1.35	10:42~11:36 13:14~14:17	01:57	4	南偏东27度
		1006主卧	T2119	1.35	11:20~11:57 13:32~14:42	01:47		南偏东27度
		1010客厅	CM-4	1.35	11:00~11:46 13:22~14:28	01:52		南偏东27度
		1032卧宝	T1719	1.35	0	00:00		北偏西27度
1		1004卧室	T1819	1.35	09:00~09:38 12:21~12:28 13:54~15:00	01:51		南偏东27度

图 4-28 单体窗照输出表

■ 4.5 群体日照分析

本节介绍群体日照分析的计算方式。日照分析软件提供一系列定量日照分析手段，包括点面分析、空间分析、动态分析、仿真分析、优化分析以及可视化的日照仿真等，这些手段既可单独使用作为分析工具，也可以组合使用相互验证分析结果的正误，从不同角度分析总图中建筑物的日照状况，辅助设计师完成建筑规划布局。

4.5.1 阴影分析

1. 阴影轮廓

屏幕菜单命令："常规分析"→"阴影轮廓"（YYLK）。

该命令计算并生成遮挡建筑物在给定平面上所产生的阴影轮廓线，支持多个时刻和某一时刻，不同时刻的轮廓线用不同颜色的曲线表示，如图 4-29 所示。

"阴影轮廓"对话框如图 4-30 所示。

"阴影轮廓"对话框选项和操作解释：

多数选项和操作与"窗照分析"相同。

"分析面高"：选此项并设置阴影投射的平面高度，生成平面阴影，否则生成投射到某墙面上的立面阴影。

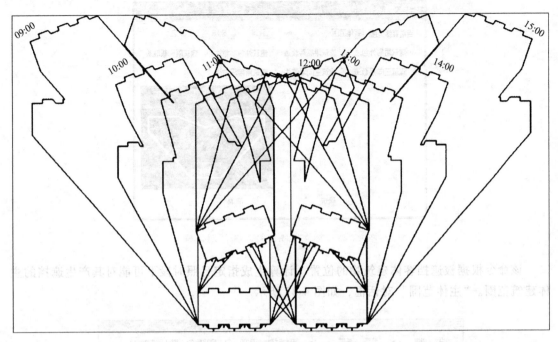

图 4-29　日照阴影轮廓线示意图

图 4-30　"阴影轮廓"对话框

"单个时刻"：勾选此项并给定时间，计算这个时刻的阴影线。不选此项，计算开始到结束的时间区段内，按给定的时间间隔计算各个时刻的阴影线。

2. 客体范围

屏幕菜单命令："高级分析"→"客体范围"（KTFW）。

该命令根据产生阴影的主体建筑位置和计算方法，在指定分析平面上计算生成指定时段的遮挡阴影范围。"客体范围"对话框如图 4-31 所示。

图 4-31　"客体范围"对话框

"计算方法"：根据不同的日照规定有七种不同的算法，如图 4-32 所示。

3. 主体范围

屏幕菜单命令："高级分析"→"主体范围"（ZTFW）。

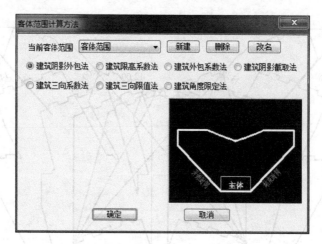

图 4-32 "客体范围计算方法"对话框

该命令根据被遮挡客体建筑物的位置，计算生成指定日照时段下可能对其产生遮挡的主体建筑范围。"主体范围"对话框，如图 4-33 所示。

图 4-33 "主体范围"对话框

"计算方法"：根据不同的日照规定有四种不同的算法，根据需要选择，如图 4-34 所示。

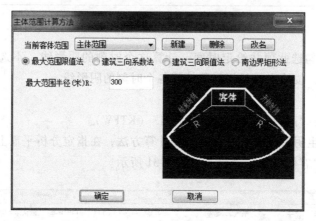

图 4-34 "主体范围计算方法"对话框

4. 遮挡关系

屏幕菜单命令："高级分析"→"遮挡关系"（ZDGX）。

该命令分析求解建筑物作为被遮挡物时，哪些建筑对其产生遮挡，分析结果给出遮挡关系表格，为该建筑群的进一步日照分析划定关联范围，指导规划布局的调整和加快分析速度。执行"遮挡关系"命令前必

遮挡关系

须对参与分析的建筑物进行命名，否则建筑无 ID 则分析无法进行。"遮挡关系"对话框，如图 4-35 所示。

图 4-35 "遮挡关系"对话框

操作步骤如下：

① 建筑命名。对参与遮挡分析的每个建筑物命名。

② 参数设置。单击屏幕菜单命令中"高级分析"下的"遮挡关系"命令，弹出"遮挡关系"对话框，在对话框中进行日照参数的设置。

③ 选取主客体建筑。根据命令栏提示在图中选取待分析的客体建筑，再选取主体建筑，为了不遗漏遮挡关系，主客体建筑可以全选。

④ 获取数据。获得遮挡关系的表格。

某实例如图 4-36 和图 4-37 所示，这五栋建筑的遮挡关系在表格中一目了然，由此可分析出 a 和 b 建筑是受遮挡的重点，通过对 a、b 建筑和遮挡它们的建筑进行规划布置的调整，可以改善日照状况。

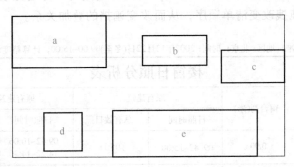

图 4-36 建筑平面布局

遮挡关系表	
被遮挡建筑	遮挡物建筑
a	b,d,e
b	c,d,e
c	e
d	e
e	d

图 4-37 遮挡关系表

4.5.2 窗户分析

1. 窗照分析

屏幕菜单命令："常规分析"→"窗照分析"（CZFX）。

该命令分析计算选定的日照窗的日照有效时间，是日照分析的重要工具。"窗照分析"对话框如图 4-38 所示。

窗照分析

图 4-38 "窗照分析"对话框

特别提示：

1）如果建筑未编组，只分析计算每个日照窗的总有效日照时间。

2）如果建筑群进行了编组，则对话框右侧会显示编组清单，计算输出的是各组的叠加遮挡分析表。

3）如果日照窗进行了"窗分户号"命令操作，则分析结果按户列出。

4）对话框中编组的排列顺序即为叠加顺序，如图 4-39 中的两个建筑组分别为"原有建筑"和"新建建筑"，窗日照分析表中对日照窗的影响则为"原有建筑"和"原有建筑+新建建筑"，可用鼠标拖拽改变清单顺序，从而改变遮挡的叠加关系。

分析标准：国标标准；地区：北京；时间：2007年12月22日(冬至)09:00~15:00；计算精度：2分钟

楼窗日照分析表

层号	窗位	窗台高(米)	原有建筑		原有建筑+新建建筑	
			日照时间	总有效日照	日照时间	总有效日照
1	1	0.90	09:42~15:00	05:18	09:42~10:06 14:22~14:30	00:32
	2	0.90	09:26~15:00	05:34	09:26~10:26	01:00
	3	0.90	09:50~15:00	05:10	09:50~11:10	01:20
	4	0.90	09:58~15:00	05:02	09:58~11:42	01:44
	5	0.90	10:26~15:00	04:34	10:26~12:22	01:56
	6	0.90	10:42~15:00	04:34	10:42~12:50	02:08
	7	0.90	11:42~15:00	03:18	11:42~13:22	01:40

图 4-39 窗日照分析实例

"窗照分析"对话框选项和操作解释如下：

"地点"：日照分析的项目所在地。

"经度"和"纬度"：日照分析的项目所在地方的经度和纬度。

"节气"和"日期"：选择做日照分析的特定时间，通常选择冬至或大寒。

"时差"：时差＝北京时间-真太阳时，软件采用真太阳时。

"开始时刻"和"结束时刻"：规范规定的有效日照时间段，各地可能不同，比如上海规定有效日照时间为 9:00~15:00，也就是说，在这个区间内的日照才可以累计。另外有效日照还要受入射角度的约束，上海采用查表的方法，南向之外的其他朝向的窗户有效时间段更短（软件自动确定）。

"计算间隔"：计算时的采样时间段，单位为分钟。

"日照标准"：日照分析所采用的规则。

"层号排序"和"窗号排序"：确定输出的日照分析表格是按日照窗的层号进行排序还是按窗号进行排序。

操作步骤如下：

① 执行"窗照分析"命令之前，可为建筑物编组，也可不编组。

② 单击屏幕菜单命令中"常规分析"下的"窗照分析"命令，弹出"窗照分析"对话框，在对话框中设置相关参数信息后，按命令栏提示选取待分析的日照窗。

③ 将输出的窗日照分析表放置到图中合适的位置，表中的红色数据代表日照时间低于标准，表中的黄色数据代表临近标准，处于警报状态。

2. 窗报批表

屏幕菜单命令："高级分析"→"窗报批表"（CBPB）。

该命令根据日照规定对居室性空间的窗户进行建设前后的日照分析，生成供规划主管部门审批的报表。如果事先对建筑群进行了编组则直接输出表格，无论多少个编组，性质上只分为建设前和建设后，如果未编组则通过选取确定已建建筑和拟建建筑。"窗报批表"对话框，如图 4-40 所示。

窗报批表

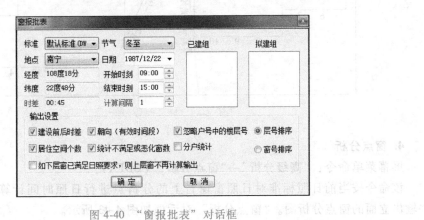

图 4-40　"窗报批表"对话框

3. 窗日照线

屏幕菜单命令："常规分析"→"窗日照线"（CRZX）。

该命令用于求算出某个指定日照窗在最大有效日照时段内的光线通道，由这个时间段内的第一缕光线和最后一道光线组成。

操作步骤如下：

① 选取遮挡建筑物，包括待分析的建筑物本身。

② 单击屏幕菜单命令中"常规分析"下的"窗日照线"命令，弹出"窗日照线"对话

框，在弹出对话框中选取或配置日照标准，设置其他相关选项，对话框的选项意义与"窗照分析"相同，如图4-41所示。

图4-41　"窗日照线"对话框

③ 选取一个日照窗，程序自动计算出该窗在最大有效日照时段内的第一缕光线和最后一缕光线。

④ 光线用三维射线表达，并标注出光线的照射时刻，如图4-42所示。

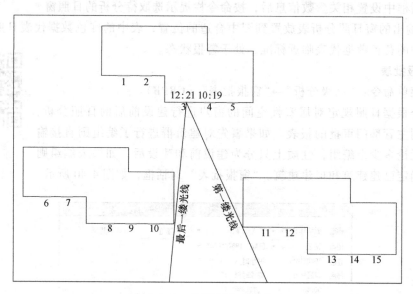

图4-42　窗日照线示意图

4. 窗点分析

屏幕菜单命令："高级分析"→"窗点分析"（CDFX）。

该命令按当前日照标准对日照窗窗台上的分析点进行日照时间计算，并输出立面的窗点分析图。"窗点分析"对话框如图4-43所示。

窗点分析

输出设置项根据需要进行勾选，其中的恶化分析是针对已有建筑和拟建建筑的叠加遮挡分析，有两种方式实现：一是，建筑进行了编组，且有"已建组"和"拟建组"，勾选恶化分析；二是，建筑无编组，勾选恶化分析，分别选取"已建建筑"和"拟建建筑"。

窗点分析实例图，如图4-44所示。

5. 单窗分析

屏幕菜单命令："高级分析"→"单窗分析"（DCFX）。

该命令按当前日照标准对选定的单个日照窗进行日照时间计算，并输

单窗分析

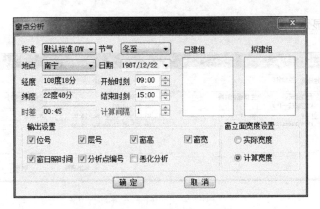

图 4-43 "窗点分析"对话框

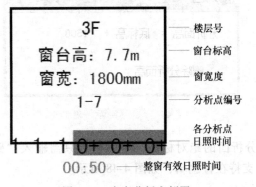

图 4-44 窗点分析实例图

出遮挡建筑的单独分析和叠加分析表格。

1）单独分析：列出每个遮挡建筑的单独遮挡时段，支持调整遮挡建筑的顺序和合并遮挡，如图 4-45 所示。

图 4-45 单窗分析的单独分析

2）叠加分析：列出遮挡建筑逐个叠加后的遮挡时段和有效日照时段及总有效日照时长，如图 4-46 所示。

4.5.3 点面分析

1. 定分析面

屏幕菜单命令："常规分析"→"定分析面"（DFXM）。

该命令为批量进行不等高分析面的线上日照分析设置每个建筑的各自分析面标高，设定后在建筑轮廓上会有相应显示，便于检查和编辑，屏幕菜单命令："模型检查"→"分析面开/关"可控制其显示属性。"定分析面"对话框,如图4-47所示。

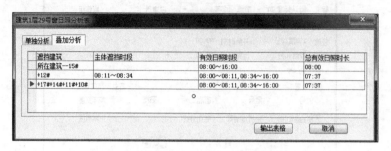

图4-46 单窗分析中的叠加分析

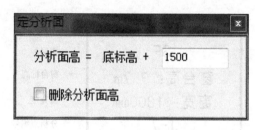

图4-47 "定分析面"对话框

设定的分析面高即分析面的绝对标高,对话框上只需输入"距底部的高度"即可,标注中的"距底部高度"支持在位编辑,如图4-48所示。

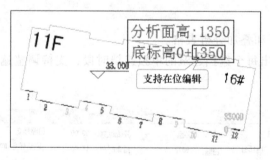

图4-48 设定分析面高实例

2. 单点分析

屏幕菜单命令:"常规分析"→"单点分析"(DDFX)。

给定项目地点、分析日期和起始结束时刻后,确定遮挡建筑物,求算"固定标高"值给定的平面上某个测试点的详细日照情况。该命令既可以动态计算也可以静态计算,在命令栏上切换状态。动态时该点的日照情况随鼠标的移动而实时变化并有预览显示,对话框中的右框里显示实时的日照数据,点取后日照数据标注到图纸上;静态时则没有预览,点取标注后才能看到日照数据。"单点分析"对话框,如图4-49所示。

单点分析

操作步骤如下:

1)单击屏幕菜单命令中"常规分析"下的"单点分析"命令。

图4-49　"单点分析"对话框

2）弹出"单点分析"对话框，在"单点分析"对话框中设置相关参数信息，根据命令栏提示"请选择遮挡物："框选可能对分析点产生遮挡的多个建筑物，按<Enter>键结束选择。

3）再根据命令栏提示"点取测试点或【动态计算开关（D）】<退出>："鼠标点取准备分析的某点，键入"D"可开关动态显示：打开动态，拖动鼠标动态显示当前点的日照数据；关闭开关则不动态显示。

单点分析通常用于检查和校核日照分析的结果是否正确，或者用于查验客体建筑物轮廓线上的某些点的日照数据。

3. 区域分析

屏幕菜单命令："常规分析"→"区域分析"（QYFX）。

分析并获得某一给定平面区域内的日照信息，按给定的网格间距进行标注。"区域日照分析"对话框，如图4-50所示。

区域分析

操作步骤如下：

1）单击屏幕菜单命令中"常规分析"下的"区域分析"命令。

图4-50　"区域日照分析"对话框

2）弹出"区域日照分析"对话框，在"区域日照分析"对话框中设置相关参数信息，根据命令栏提示"请选择遮挡物："选取产生遮挡的多个建筑物，可多次选取。

3）框选计算区域范围，完成操作。

软件开始运行计算，计算结束后，在选定的区域内用彩色数字显示出各点的日照时数，如图4-51所示。

特别提示：区域分析结果中的 N 表示大于或等于 N 小时到小于 $N+0.5$ 小时的日照，$N+$ 表示大于或等于 $N+0.5$ 小时到小于 $N+1$ 小时的日照。

4. 绿地日照

屏幕菜单命令："高级分析"→"绿地日照"（LDRZ）。

该命令用以对预设好的公共绿地进行日照分析，并判定是否满足《城市居住区规划设计标准》（GB 50180—2018）中对公共绿地的日照要求，如图4-52所示。

需要设置的日照标准等参数与前面命令基本一致，设置好以后选定总图的红线，程序即进行分析并给出结果，如图4-53所示。

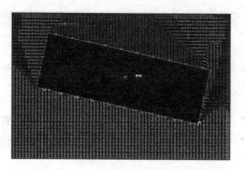

图 4-51　区域分析实例

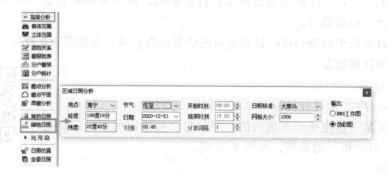

图 4-52　绿地日照分析

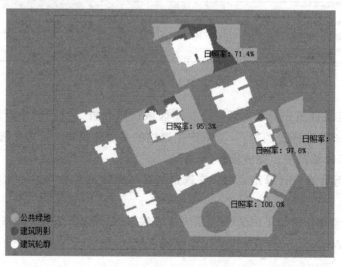

图 4-53　绿地日照分析结果

4.5.4　方案分析

1. 方案优化

屏幕菜单命令:"方案分析"→"方案优化"(FAYH)。

该命令用于对新建建筑的外形进行优化，在满足被其遮挡的日照窗前提下，获得最大的建筑面积。事实上，当 X、Y 分割足够大时，该命令可取代"推算限高"。"方案优化"对话框如图 4-54 所示。

图 4-54　"方案优化"对话框

"最大限高"：该值以 m 为单位，有两个功用，一是规划部门规定的最大高度，二是为防止结果为无穷大而设置一个限值。

"X 向网格"和"Y 向网格"：优化时在 X 和 Y 方向上的最小分割单元尺寸，一般用房间开间进深的模数较合理。默认的分割方向为世界坐标的 X 轴和 Y 轴，也可以在图中选取两点决定分割的方向，X 向与 Y 向始终为正交关系。

"建筑层高"：高度 Z 方向的单元分割尺寸，即建筑物层高。

"原始日照不满足要求时考虑现有条件不再恶化"：如果原有建筑已经使得日照窗不满足要求，则方案优化的结果将正好保留先前的不满足状态，不再使情况恶化。

操作步骤如下：

① 单击屏幕菜单命令中"方案分析"下的"方案优化"命令，弹出"方案优化"对话框，设置其相关参数信息，根据命令栏提示"请选取待分析的建筑外廓、封闭 PLine 或 CIRCLE："选择准备进行优化的建筑物，可以是封闭 PLine 或 CIRCLE，也可以是建筑轮廓。

② 确定 X、Y 的分格方向，可输入角度，也可以图中点取两点确定。

③ 事先用 Line 线和 PLine 分格，然后点取分支命令"预先分块"执行。

④ 选择日照窗。选择优化建筑的遮挡所能影响到的日照窗，优化后这些日照窗的日照要满足当前日照标准的要求，可以用"窗照分析"命令进行验证。

⑤ 选择遮挡物。选择对前面提到的日照窗能够产生遮挡的全部建筑物。

⑥ 优化计算停止后，单击结束退出，也可以暂停获取一个相对优化的方案即退出。

2. 推算限高

屏幕菜单命令："方案分析"→"推算限高"（TSXG）。

在满足客体建筑日照要求规定值前提下，根据给定边界推算出新建建筑参考高度。"推算限高"对话框，如图 4-55 所示。

操作步骤如下：

① 单击屏幕菜单命令中"方案分析"下的"推算限高"命令，弹出"推算限高"对话框，在对话框中设置其相关参数信息。

② 根据命令栏提示"请选取待分析的建筑外廓、封闭 PLine 或 CIRCLE："选择待进行限高推算的建筑边界。

图 4-55 "推算限高"对话框

③ 根据命令栏提示"选择日照窗："选择可能被待推算高度的新建建筑遮挡的日照窗。

④ 根据命令栏提示"选择遮挡物："待分析计算的日照窗可能不只受新建建筑的遮挡，选择与待分析的日照窗存在遮挡关系的其他已有建筑，系统将按已有建筑与新建建筑对日照窗的综合作用计算新建建筑的参考高度。

"推算限高"对话框选项解释：

"最大限高"：待分析的新建建筑高度推算范围（0~最大限高），单位为 m。

"高度精度"：高度推算时高度数值的精度误差。

首先计算现有建筑对日照窗的影响，若现有条件下的日照窗已不能满足日照要求，则结束命令，同时命令栏提示"目前条件已不满足日照条件！"。若待分析新建建筑在计算最大限高条件下，日照窗仍能满足日照要求，则提示"限高 100m 条件下满足日照条件，是否以此生成建筑？［是（Y）/否（N）］<Y>:"，回应"N"不生成，否则按当前限高生成建筑轮廓。若计算结果在限高范围内，则依计算的参考高度生成建筑轮廓，同时在命令栏提示推算出来的新建建筑参考高度。

3. 日照仿真

屏幕菜单命令："高级分析"→"日照仿真"（RZFZ）。

采用三维渲染技术，在指定地点和特定节气下，真实模拟建筑场景中的日照阴影投影情况，帮助设计师直观判断分析结果的正误，给业主提供可视化演示资料。日照仿真效果图，如图 4-56 所示。

"日照仿真"窗口说明：

1）窗口上侧为参数区，用户在此给定观察条件，诸如日照标准、地理位置和日期时间等。

2）日照阴影在缺省情况下，只计算投影在地面或是不同标高的平面上。将选项"平面阴影"去掉后，系统进入真实的全阴影模式，建筑物和地面全部有阴影投射。

3）单击代表四个方向的轴测图按钮，可快速将视角调整到西南、东南、西北、西南四个轴测视角。

4）"日照仿真"窗口为浮动对话框，用户编辑建筑模型时无须退出仿真窗口。

4. 结果擦除

屏幕菜单命令："常规分析"→"结果擦除"（JGCC）。

该命令快速擦除日照分析产生的阴影轮廓线和多点分析生成的网格点，以及其他命令在图上标注的日照时间等数据，这是一个过滤选择对象的删除命令。通常分析后的图线或数字对象数量很大，用户可以选择键入 ALL、框选或点选等方式进行。

5. 日照报告

屏幕菜单命令："常规分析"→"日照报告"（RZBG）。

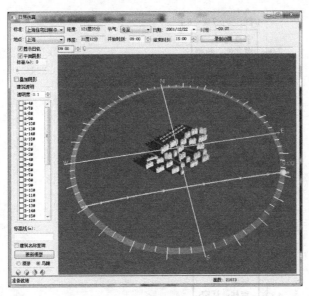

图 4-56　日照仿真效果图

该命令按项目所在地，自动匹配日照报告模板，填写相关分析内容，输出 Word 格式的日照分析报告。执行过程中会提示选取相关表格，如果不需要选取而是后期手动加入，忽略即可。

■ 4.6　太阳能利用分析

建筑中的太阳能系统设计主要是确定集热面板的参数、辐照计算、集热需求计算和经济评价。本章节介绍集热面板的建模和倾角计算，集热面的辐照分析和单点的辐照计算，以及集热量和集热面的计算，最后介绍对建筑太阳能系统进行的经济分析。

4.6.1　太阳能资源分布概述

我国国土幅员辽阔，太阳能资源非常丰富。地球上太阳能资源一般用全年总辐照量 $[J/(m^2 \cdot a)]$ 和年日照时数（h）表示。我国陆地表面每年接收的太阳辐射能约 5.0×10^{19} kJ，全国 2/3 以上地区年日照时数超过 2200h，总辐照量高于 5.86×10^6 kJ/$(m^2 \cdot a)$。图 4-57 及表 4-1 为我国太阳能资源分布图及分区。

表 4-1　我国太阳能资源分区

分区代号	名称	全年总辐照量/$[MJ/(m^2 \cdot a)]$
I	资源丰富带	6700
II	资源较富带	5400~6700
III	资源一般带	4200~5400
IV	资源贫乏带	<4200

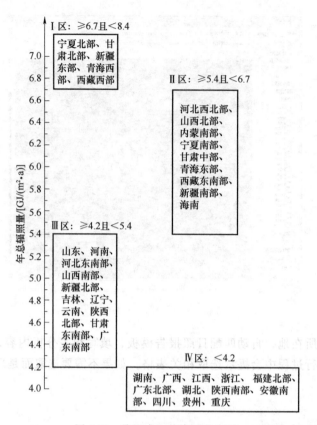

图 4-57　我国太阳能资源分布图

太阳能作为一种辐射能，清洁且取之不尽，是极佳的可再生能源。然而太阳能受天气的影响和周边环境的遮挡，很不稳定，必须即时转换成其他形式的能量才能利用和储存。太阳能的利用途径有太阳能热水系统和光伏发电，其中太阳能热水系统应用更加成熟和广泛。

太阳能集热器（也称为集热面板）的定义是：吸收太阳辐射并将产生的热能传递到传热介质的装置。按照集热器内是否有真空空间，太阳能集热器主要分为平板型集热器和真空管集热器两大类。平板型集热器的吸热体结构为平板形状，太阳辐射穿过透明盖板后，投射在吸热板上，被吸热板吸收并转化成热能，然后传递给吸热板内的传热介质，使传热介质的温度升高，通过连接管作为集热器的有用能量流出。平板型集热器结构如图 4-58 所示。

4.6.2　建立集热面板

集热面板通常放置在屋面上或紧贴建筑墙面，在屋面上寻找集热面板的最佳位置时，可先建立虚拟的比较大的集热面，在集热面上找出辐射强的位置作为集热面板的安装位置。在墙面上寻找集热面板的最佳位置时，可以先分析建筑表面的辐照，找到适合集热的区域，然后再布置集热面板。

屏幕菜单命令："太阳能"→"集热面板"（JRMB）。

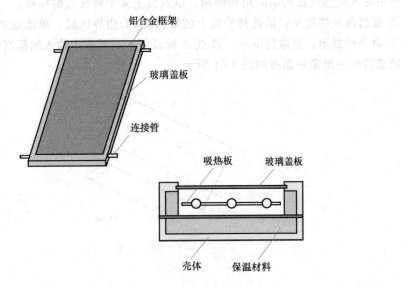

图 4-58　平板型集热器结构

　　用户先用闭合多段线建立集热面板的平面投影轮廓，然后输入朝向、倾角和轮廓关键点标高，使其转换成三维集热面板。"集热面板"对话框，如图 4-59 所示。

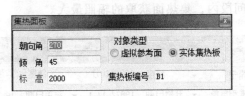

图 4-59　"集热面板"对话框

　　朝向角和倾角定义（图 4-60）：朝向角为屏幕正右向与集热面法向水平投影线之间的逆时针夹角；倾角为板面与水平面的夹角。

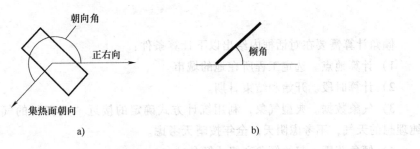

图 4-60　集热面板朝向角和倾角的定义

a）朝向角　b）倾角

操作步骤如下：

① 绘制集热面水平投影的闭合多段线。

② 单击屏幕菜单中"太阳能"下的"集热面板"命令，弹出"集热面板"对话框，在

对话框中输入集热面板的朝向角和倾角，以及板上某个特征点的标高。

③ 根据命令栏提示：请选择平面上的集热器 PL 边界区域，单选或多选 PLine。

④ 命令栏提示：点取特征点，该点 Z 标高等于对话框中输入的标高值。

建成后的三维集热面板如图 4-61 所示。

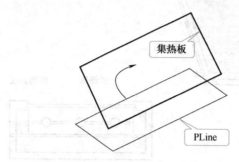

图 4-61　建成后的三维集热面板

4.6.3　倾角分析

屏幕菜单命令："太阳能"→"倾角分析"（QJFX）。

该命令按对话框（图 4-62）给定的条件，计算分析太阳能最有利的集热面倾角。所谓"最有利"就是在计算时间段内，集热面获取的辐照最大。

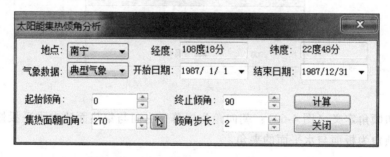

图 4-62　"太阳能集热倾角分析"对话框

倾角计算需要在对话框内给出以下计算条件：

1）计算地点。选定工程所在地的城市。

2）计算时段。开始和结束日期。

3）气象数据。典型气象，利用统计方式确定的接近"真实"的气象条件；理想气象，纯理想的天气，不考虑阴天，全年按晴天考虑。

4）倾角范围。起始倾角和终止倾角。

5）倾角步长。间隔多少倾角计算一次。

6）集热面朝向角。集热面板采光面的朝向角度，通常取南向，即 270°。

倾角计算结果为计算说明和表格，获取最大辐射值的倾角为"最有利"的倾角，建议采纳该角度设计集热面板。如图 4-63 所示为倾角计算结果实例。

图 4-63 中序号 18 行为最有利的结果，辐射强度"15756.89kJ/（㎡·天）"为最大值，

对应的倾角"34.0度"为南宁市典型气象条件下，集热面板的最佳倾角。

角度分析结果

序号	倾角（度）	辐射强度（KJ/（m²·天））	能量差异（%）
1	0.0	13736.63	12.82
2	2.0	13955.06	11.44
3	4.0	14162.48	10.12
4	6.0	14357.81	8.88
17	32.0	15742.87	0.09
18	34.0	15756.89	0.00
19	36.0	15756.74	0.00
20	38.0	15742.43	0.09

图 4-63　倾角计算结果实例

4.6.4　集热需求

屏幕菜单命令："太阳能"→"集热需求"（JRXQ）。

在年日照时数大于 1400h，水平面上太阳年辐照量超过 4200MJ/（m²·a）的地区，宜设计、选用太阳能热水系统。在进行太阳能热水系统设计时，需要根据建筑所需的热水量，计算出将所需用水加热到指定温度所需的太阳能集热面板面积或所需太阳能辐照量。

该命令计算太阳能热水系统所需要的集热面积，"集热需求"对话框，如图 4-64 所示。

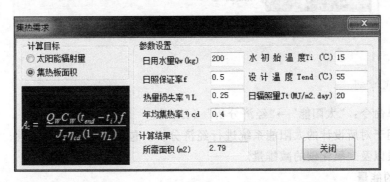

图 4-64　"集热需求"对话框——集热面积计算

图 4-64 中，左下角的公式为直接系统的集热器总面积的计算公式。

"集热需求"对话框中参数的解释：

1）A_c：直接系统的集热器总面积，根据《太阳能热利用术语》（GB/T 12936—2007），取整个集热器的最大投影面积，不包括固定和连接传热介质管道的部分，单位为 m²。

2）C_w：水的比定压热容，即压力不变情况下 1kg 水升高 1℃ 所吸收的热量，单位为 kJ/（kg·℃）。

计算集热板面积，需要在对话框里设定以下计算参数：

1）日用水量 Q_w。日用水量是出现概率最大的用水量，超出流量的时间段，可以通过辅助热源解决。建议从《民用建筑节水设计标准》（GB 50555—2010）中 3.1.7 给出的热水定额中选取，单位为 kg。

2）水的初始温度 T_i。加热前的水温，单位为℃。

3）设计温度 T_{end}。用水温度，如果超过此温度，加热自动停止，单位为℃。

4）日照保证率 f。根据系统使用期内的太阳辐照、系统经济性及用户要求等因素综合考虑后确定，宜为 30%～80%。

5）日辐照量 J_t。采光面上的年均日辐照量，可以通过查询气象资料取值，单位为 $kJ/(m^2 \cdot day)$。

6）年均集热率 η_{cd}。根据经验值可取 0.25～0.50，具体根据产品的实际测试结果而定。

7）热量损失率 η_L。根据经验为 0.20～0.30。

由于一年不可能总是理想的晴天，还可以根据集热面积和以上参数得出日均集热量，乘以年集热天数 d 来计算集热器所需的年太阳能辐照量 Q_r，如图 4-65 所示。

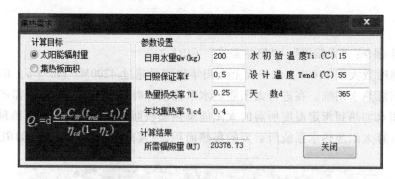

图 4-65 "集热需求"对话框——集热量计算

4.6.5 经济分析

屏幕菜单命令："太阳能"→"经济分析"（JJFX）。

该命令用于对所设计的太阳能系统进行经济分析，包括系统节约的能量、节约的费用、投资回收年限以及二氧化碳的减排量。

1. 节约的能量

当集热器面积很大时（如整个屋面都做成集热器），各个位置的太阳辐射情况，可能有比较大的差异，用辐射计算就不易给出日平均太阳辐照量，事实上设计的原始要求是集热量。用户可以用多种设计方案（例如多个集热面）用计算集热面接收到的能量，比较集热量是否满足要求。

计算太阳能系统年节约能量，需输入以下参数，如图 4-66 所示：

1）年太阳能辐射量 Q_r。集热器上的年太阳能辐射量，系统的太阳能集热器面积与集热器表面上年总太阳辐照量的乘积，单位为 MJ。

2）年平均集热效率 η_{cd}。太阳能集热器的年平均集热效率，具体根据产品的实际测试结果而定。

3）管路和贮水箱的热损失率 η_L。根据经验取值为 0.20～0.30。

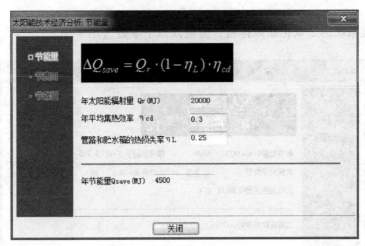

图 4-66　经济分析-节能量计算

2. 节约的费用和投资回收年限

与常规热源热水系统相比，太阳能热水系统增加了集热系统的投资。所增加的投资除以年节能费用，即为投资回收年限。在太阳能资源丰富区，其简单投资回收期宜在 5 年以内，资源较丰富区宜在 8 年以内，资源一般区宜在 10 年以内，资源贫乏区宜在 15 年以内。

计算太阳能系统年节约费用和投资回收年限，需输入以下参数（图 4-67）：

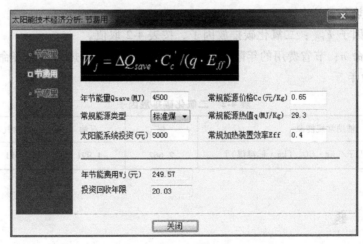

图 4-67　经济分析——节约费用计算

1）年节能量 Q_{save}。太阳能供热系统的年节能量，单位为 MJ。

2）常规能源类型。下拉选择，包括标准煤、天然气、电、石油等。

3）常规能源价格 C_e。评估当年的常规能源价格，单位为元/kg。

4）常规能源热值 q，单位为 MJ/kg。

5）常规加热装置效率 E_{ff}。

6）太阳能系统投资。用户计划对太阳能系统的投资额度，单位为元。

3. 二氧化碳的减排量

太阳能热水系统设计除了考虑经济效益，还要考虑社会效益，即从二氧化碳的减排角度考虑。

　　计算太阳能系统的二氧化碳减排量，需输入以下参数（图4-68）：

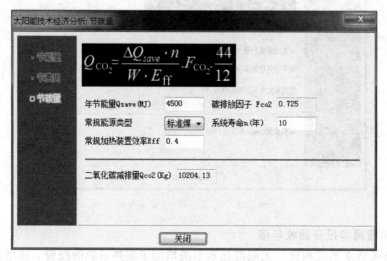

图 4-68　经济分析——节碳量计算

1）年节能量 Q_{save}：太阳能供热系统的年节能量，单位为 MJ。

2）常规能源类型：下拉选择，包括标准煤、天然气、电、石油等。

3）常规加热装置效率 E_{ff}。

4）碳排放因子 F_{CO_2}：二氧化碳排放因子，按表4-2取值。

5）系统寿命 n：节省费用的年限，从系统开始运行算起集热系统的寿命（一般为 10 ~ 15 年），单位为年。

表 4-2　二氧化碳排放因子

辅助常规能源	煤	石油	天然气	电
二氧化碳排放因子/[kg·CO₂/(kg·标准煤)]	2.662	1.991	1.481	3.175

 习　题

1. 简述日照原理。

2. 简述日照参数有哪些？

3. 建筑日照分析主要解决哪些问题？

4. 根据自己所在的城市，说明该城市中住宅、幼儿园、中小学校的日照标准分别是多少？

5. 简述日照分析软件的特点。

6. 简述日照分析软件操作流程。

7. 简述有效入射角的设定方式有哪些？

第5章 绿色建筑BIM设计与分析案例

■ 5.1 工程项目概况

通过该实例工程学习了解如何使用绿色建筑 BIM 系列软件来完成一个项目的绿色建筑分析，从而掌握绿色建筑 BIM 系列软件的基本操作流程和方法，最终可以独立完成一个工程项目从绿色建筑分析到绿色建筑报告输出等一系列的应用。该实例主要系统性地讲解利用绿色建筑 BIM 系列软件进行绿色建筑分析的工作流程，讲解过程中不仅按照功能顺序进行操作，而且以节能设计分析的产出数据为核心，每一步操作前进行系统的分析，以便清晰地了解每个操作步骤、每个设置的用途。

该实例工程为拟建于夏热冬暖地区的一栋学生宿舍楼，图 5-1 所示为该宿舍楼模型。

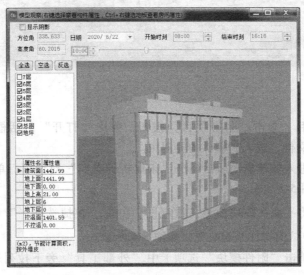

图 5-1 实例工程模型

■ 5.2 节能分析

本小节主要讲解怎样使用节能设计软件来完成节能设计工作，从而掌握节能设计软件的基本操作流程与方法。通过该实例学习，掌握从围护结构建模到参数设置、节能计算以及输出送审表格等一系列的节能设计分析。

5.2.1 节能模型调整

使用 Revit 软件创建的建筑模型，可通过软件中导出的相关文件格式转换成绿色建筑 BIM 模型。

一般操作流程为：模型导入→围护结构→门窗整理→屋顶→楼层设置→模型检查→空间划分→模型观察→工程设置→分析计算→输出报告。

1. BIM 模型格式转换

首先运行 Revit 软件，打开 BIM 模型并将模型导出成相应文件格式的绿色建筑 BIM 模型，操作步骤如下：

① 运行软件。双击运行 Revit 软件，进入到软件起始界面，如图 5-2 所示。

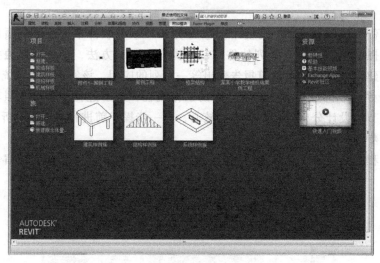

图 5-2　Revit 软件起始界面

② 打开所选项目。单击"打开项目"按钮，弹出"打开"对话框，选择"学生宿舍楼-土建案例工程"文件，进入到软件的界面中。

③ 单击选项。进入软件界面后，弹出"未解析的参照"对话框，单击"忽略并继续打开项目"选项，如图 5-3 所示。

④ 检查模型。将平面视图切换至三维视图，单击"快捷选项栏"中"三维视图 🏠"按钮，检查模型围护结构构件是否缺失，如图 5-4 所示。

⑤ 单击命令。单击"附件模块"选项卡中"外部工具"旁下拉列表中"导出斯维尔"命令，如图 5-5 所示。

注意："导出斯维尔"命令必须计算机上装有绿色建筑 BIM 系列软件后才会出现，否则将无此命令。

⑥ 保存项目。激活"导出斯维尔"命令后，弹出"另存为"对话框，在对话框中输入"学生宿舍楼-节能案例工程"，单击"保存"按钮，该项目将保存在指定文件夹下，如图 5-6 所示。

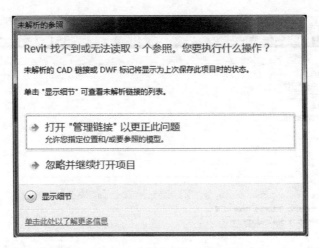

图 5-3　"未解析的参照"对话框

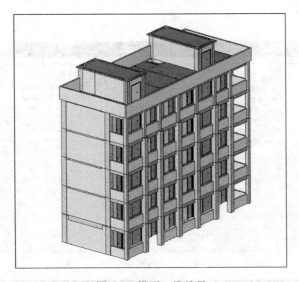

图 5-4　模型三维效果

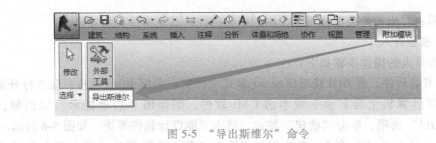

图 5-5　"导出斯维尔"命令

⑦ 导出楼层设置。弹出"导出斯维尔"对话框，在对话框中左侧为导出楼层设置，右侧为导出构件类型设置，左边选项栏按默认设置，右边选项栏按默认设置，单击"确定"按钮，导出节能 BIM 模型，如图 5-7 所示。

图 5-6 "另存为"对话框

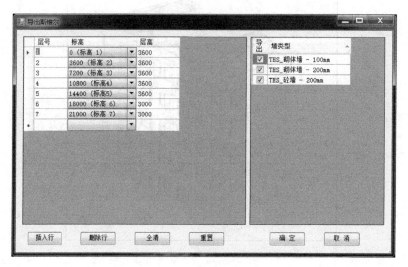

图 5-7 "导出斯维尔"对话框

特别提示：导出构件类型原则上为围护结构构件，其余构件无须导出。

2. BIM 模型导入

BIM 模型导入的操作步骤如下：

① 打开节能软件。将 BIM 模型转成 sxf 格式文件后，关闭 Revit 软件；双击打开节能设计软件，如果计算机上装有多个版本的 CAD 软件，则弹出"启动提示"对话框，选择"AutoCAD 2011"选项，单击"确定"按钮，进入节能设计软件界面，如图 5-8 所示。

② 激活"导入 Revit"命令。单击屏幕菜单中"条件图"下的"导入 Revit"命令，激活该命令，如图 5-9 所示。

③ 打开所选文件。弹出"打开"对话框，选择"学生宿舍楼-节能案例工程.sxf"文件，单击"打开"按钮，如图 5-10 所示。

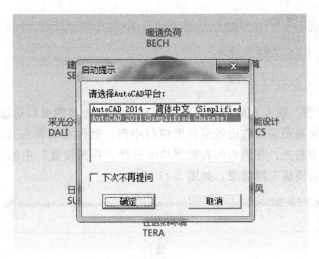

图 5-8　"启动提示"对话框

图 5-9　"导入 Revit"命令

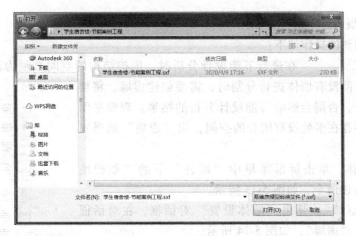

图 5-10　"打开"对话框

④ 插入 BIM 模型。进入到软件的界面，根据命令栏的文字提示，在绘图区域中任意单击一插入点，插入 BIM 模型，如图 5-11 所示。

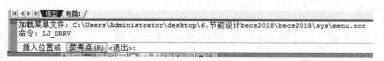

图 5-11 "导入 Revit"命令栏

⑤ 切换三维视图。导入 BIM 模型后将光标放置到右边视图窗口边缘线上,光标由箭头变成双箭头时,拖拽视图窗口右边缘至视图窗口中间,软件自动在右边增加一个视图窗口,在新增的视图窗口中右击,在弹出的右键菜单中选择"视图设置"中的"西南轴侧"命令,右边的视图窗口将切换成三维视图,如图 5-12 所示。

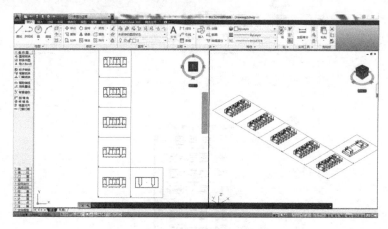

图 5-12 建筑三维视图

由图 5-12 可以看出,建筑模型已经变为节能计算的三维模型。由于在节能计算分析中只用分析规定性指标,只需要保证外围护结构的准确性,故需要进行模型核查和调整工作。

3. BIM 模型调整

BIM 模型调整的操作如下:

(1)围护结构调整 在进行节能设计分析时,围护结构的空间必须为闭合的空间,像楼梯间与走廊之间没有墙体进行分割时,需要创建虚墙,将楼梯间与走廊分开,否则会影响节能设计分析的结果。观察平面视图,发现首层存在多处没有闭合的空间,用"虚墙"的形式将其封闭。

1)创建墙体。单击屏幕菜单中"墙柱"下的"创建墙体"命令,激活该命令,如图 5-13 所示。

2)设置"虚墙"。弹出"墙体设置"对话框,在对话框中将类型修改为"虚墙",如图 5-14 所示。

3)绘制"虚墙"。在绘图区域中绘制虚墙,如图 5-15 所示。

虚墙只起分隔空间的作用,无材料信息;其余楼层的绘制方法与首层一致。

图 5-13 "创建墙体"命令

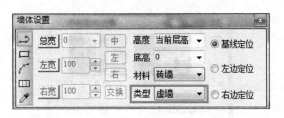

图 5-14 "墙体设置"对话框

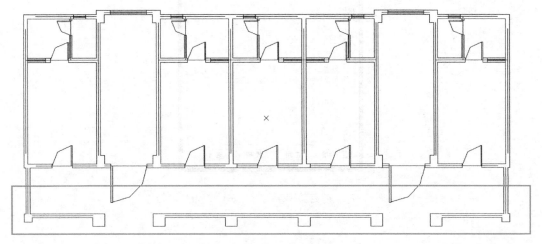

图 5-15 围护结构闭合

（2）门窗调整

1）门窗整理。完成墙体等围护结构调整后，接下来进行门窗的调整，单击屏幕菜单中"门窗"下的"门窗整理"命令，激活该命令，如图5-16所示。

图 5-16 "门窗整理"命令

2）修改门窗编号。弹出"门窗整理"对话框，在对话框中修改其门窗编号，如图 5-17 和图 5-18 所示。

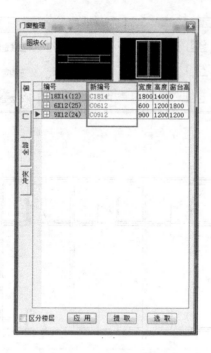

图 5-17 "门窗整理"对话框——窗编号调整

图 5-18 "门窗整理"对话框——门编号调整

3）完成设置。门窗编号调整完成后，单击对话框中的"应用"按钮，完成门窗设置，如图 5-19 所示。

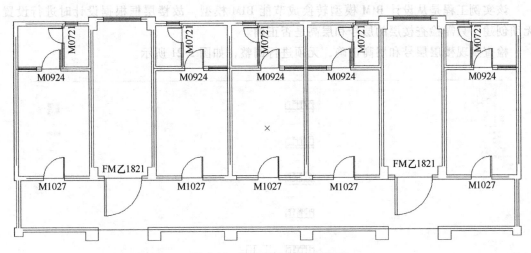

图 5-19　首层平面图门窗编号

　　门的编号一般为"M 门编号"，窗的编号一般为"C 窗编号"。节能设计中"窗"的概念是指透明的围护结构，阳台门的透明部分也应作为"窗"进行计算，可使用"门窗"下的"门转窗"或"窗转门"命令进行设置。至此，外围护结构的建模工作就完成了。

5.2.2　节能模型空间划分

1. 楼层设置

　　所有楼层的围护结构都已调整完成后，接下来需要进行各楼层间的组合。
　　操作步骤如下：
　　① 激活命令。单击屏幕菜单中"空间划分"下的"建楼层框"命令，激活该命令，如图 5-20 所示。

图 5-20　激活"建楼层框"命令

　　② 设置楼层框。根据命令栏的文字提示，选定楼层框的左上角点与右下角点，使得楼层框的范围包括该层的全部内容，然后选取一点作为与其他楼层上下对齐所需的对齐点，输入楼层号 1，右击确定；如楼层高为 3600mm，右击确定，完成该层楼层框的设定。
　　其余楼层的创建与首层操作方式一样。

该实例工程是从设计 BIM 模型转换成节能 BIM 模型，故楼层框根据设计时进行设置，无须创建，只需检查楼层的层号和层高是否正确。

检查发现楼层层号和层高正确，无须进行调整，如图 5-21 所示。

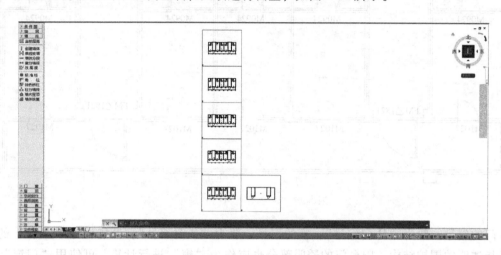

图 5-21　楼层框设置

由图 5-21 可以看出，楼层框从外观上看就是一个方框，被方框圈在里面的围护结构被认为同属一个标准层或布置相同的多个标准层。提示录入"层号"时，是指这个楼层框所代表的自然层层号。

2. 模型检查

完成 BIM 模型的楼层设置后，将对模型进行检查，检查模型连接是否正确，否则后续无法进行分析计算。

软件中提供四种检查方式：重叠检查、柱墙检查、模型检查和墙基检查，如图 5-22 所示。接下来将对模型分别进行检查操作。

（1）重叠检查

1）激活命令。单击屏幕菜单中"检查"下的"重叠检查"命令，激活该命令。

2）框选研究对象。根据命令栏中的文字提示"请选择待检查的墙、柱、门窗、房间及阳台对象"，框选所有楼层，右键确定。

3）结果显示。命令栏中提示"当前图中未发现重叠的柱、墙、门窗！"，说明模型无重叠构件。

（2）柱墙检查

1）激活命令。单击屏幕菜单中"检查"下的"柱墙检查"命令，激活该命令。

2）框选研究对象。根据命令栏中的文字提示"请选择待检查的墙、柱"，框选所有楼层，右键确定。

图 5-22　模型检查四种方式

3）结果显示。命令栏中提示"柱内墙连接检查完毕！"，说明模型墙与柱连接正确。

（3）模型检查

1）激活命令。单击屏幕菜单中"检查"下的"模型检查"命令，激活该命令。

2）框选研究对象。根据命令栏中的文字提示"请选择待检查的对象"，框选所有楼层，右击确定。

3）结果显示。弹出"模型检查"对话框，对话框中出现一条或多条信息，说明模型连接存在问题，需要一一核查，如图5-23所示。

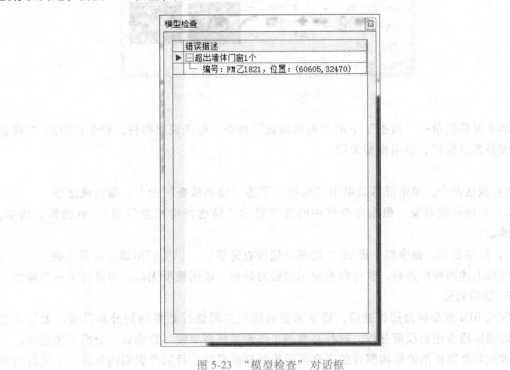

图5-23　"模型检查"对话框

4）修改构件。单击对话框中错误提示信息，软件将自动捕捉到指定构件，如图5-24所示。

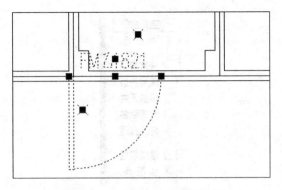

图5-24　三层门窗构件连接问题

出现门窗构件提示超出墙体的错误，最好的解决方法是删除该门窗，手动重新布置即可。

选中"FM 乙 1821"门构件，按<Delete>键删除；单击屏幕菜单中"门窗"下的"插入门窗"命令，激活该命令，弹出"门窗参数"对话框，在对话框中设置编号为"FM 乙 1821"，门宽修改为"1800"，门高修改为"2100"，在绘图区域中单击布置门构件，如图 5-25 所示。

图 5-25 "门窗参数"对话框——门窗参数设置

单击屏幕菜单中"检查"下的"模型检查"命令，框选该层构件，命令栏提示"检查未发现异常对象!"，说明模型无误。

（4）墙基检查

1）激活命令。单击屏幕菜单中"检查"下的"墙基检查"命令，激活该命令。

2）框选研究对象。根据命令栏中的文字提示"请选择待检查的墙"，框选所有楼层，右键确定。

3）结果显示。命令栏中提示"墙基连接检查完毕!"，说明模型墙基连接正确。

完成上述四种检查后，软件没有提示报错对话框，说明模型无误，可进行下一步操作。

3. 空间划分

完成 BIM 模型的楼层设置后，接下来要对房间空间进行必要的划分和设置。无论是进行规定指标检查还是权衡分析，这些必要的工作设置都需要做，否则后续分析无法进行。

首先对每层由围护结构围合的闭合区域执行搜索房间，目的是识别内外墙、生成房间对象以及建筑轮廓。

1）激活命令。单击屏幕菜单中"空间划分"下的"搜索房间"命令，激活该命令，如图 5-26 所示。

图 5-26 "搜索房间"命令

2）设置参数。弹出"房间生成选项"对话框（图 5-27），在对话框中，左侧为房间对象的显示方式和内容，右侧为房间生成的选项，通常左侧选择"显示编号+名称""面积"和"单位"，右侧勾选"更新原有房间编号和高度"。

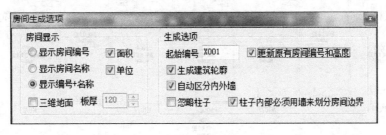

图 5-27 "房间生成选项"对话框

3）选择构件。根据命令栏的文字提示，框选楼层的全部构件，右击确定，如图 5-28 所示。

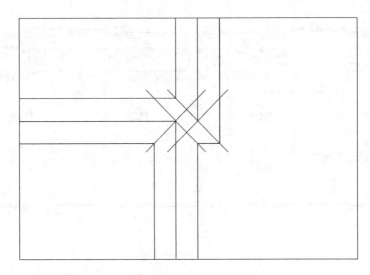

图 5-28 墙体连接问题

4）放置建筑轮廓信息。根据命令栏中文字提示，点取楼层框内的任意一点，完成房间搜索操作，如图 5-29 所示。

其余楼层搜索房间操作与首层一致，这里不再重复说明。

特别提示：第六层的"6001"房间为上人屋顶（室外露天），故此房间删除。选中"6001"房间编号，按<Delete>键删除即可。

执行完"搜索房间"命令后，内外墙自动识别出来，并建立房间对象和建筑轮廓，房间对象用于描述房间的属性，包括编号、功用和楼板构造等。可用"局部设置"命令打开特性表（也可用<Ctrl+1>打开），根据建筑图上房间功能划分，选中一个或多个房间，在特性表中设定房间的功能，如图 5-30 所示。在软件中居住建筑默认房间为起居室，公共建筑默认为普通办公室。

其余楼层功能划分操作与首层方法一致，这里不再重复说明。

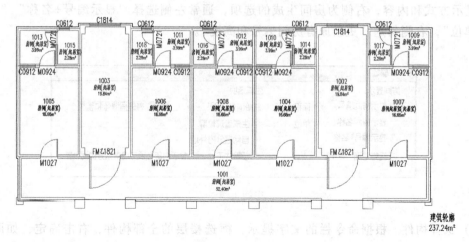

图 5-29　建筑轮廓

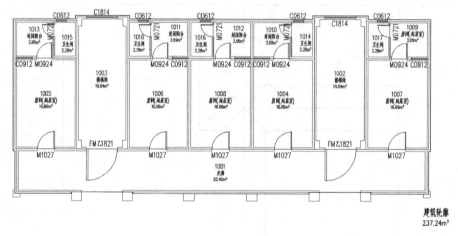

图 5-30　房间功能划分

4. 模型观察

完成上述模型处理工作后，可以通过"模型观察"命令查看整理模型是否正确，以及围护结构的热工参数，单击屏幕菜单中"检查"下的"模型观察"命令，激活该命令，软件将自动弹出"模型观察"对话框，在对话框中包括楼层的层数、整个模型的建筑面积数据，如图 5-31 所示。

5.2.3　节能分析设置

1. 工程设置和工程构造设置

模型观察完整后，接下来要进行工程设置和工程构造设置，选择标准进行计算分析。

（1）工程设置

1）激活命令。单击屏幕菜单中"设置"下的"工程设置"命令，激活该命令。

2）设置参数。弹出"工程设置"对话框，在对话框中选择"工程信息"选项，设置其基本信息，修改"地理位置"为"广西-南宁"，"建筑类型"选择为"居建"，"标准选用"

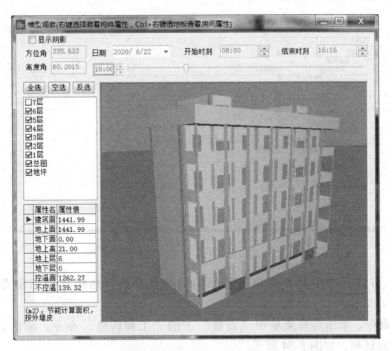

图 5-31 "模型观察"对话框 1

为"广西居建 DBJ45/029-2016 夏热冬暖南区"标准，"平均传热系数"修改为"面积加权平均法"，其余按照软件默认设置，单击"确定"按钮，如图 5-32 所示。

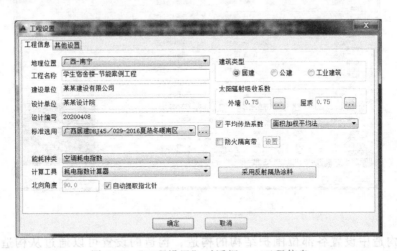

图 5-32 "工程设置"对话框——工程信息

3）修改建筑结构类型。在"工程设置"对话框中选择"其他设置"选项，修改"建筑设置"中"结构类型"为"框架结构"，"报告设置"中"输出平面简图到计算书"修改为"是"，如图 5-33 所示。

（2）外墙工程构造 工程构造设置主要是计算围护结构的传热系数及热惰性指标。围护结构的传热系数及热惰性指标决定了围护结构的保温隔热性能，是影响建筑能耗

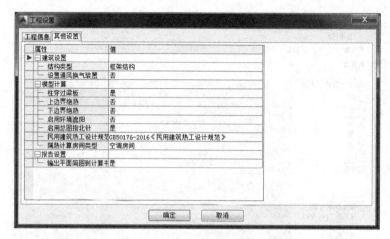

图 5-33 "工程设置"对话框——其他设置

的重要指标，节能标准中对各部位围护结构的传热系数及热惰性指标也有明确的限值要求。

1）激活命令。单击屏幕菜单中"设置"下的"工程构造"命令，激活该命令，弹出"工程构造"对话框，如图 5-34 所示。

图 5-34 "工程构造"对话框 1

在工程构造中设置各部位围护结构的构造，构造的设置可以通过从构造库中选取的方式，也可以在这里进行新建，即从"材料"页面中选取各层材料并设置各层材料的厚度。

首先介绍从构造库中选取的方式，单击构造名称栏右侧的方框按钮，弹出"构造库"对话框，在对话框中可以选择系统构造库或地方构造库，如图 5-35 所示。

软件将各地的地方节能标准或实施细则中给出的当地常用构造都做成了地方构造库，可以直接从里面选取工程所用的构造，若地方构造库中没有需要的构造，也可以从系统构造库中选择。双击构造可将该构造选择到工程构造中。

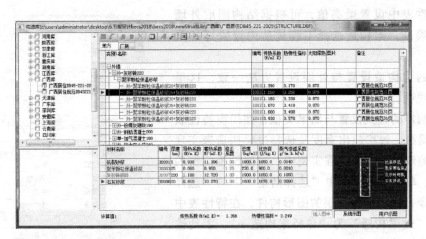

图 5-35　"构造库"对话框

在该工程实例中，根据建筑总说明完成各部位围护结构的构造设置。

2）激活命令。单击屏幕菜单中"设置"下的"局部设置"命令，激活该命令。

3）设置外墙构造。单击屏幕菜单中"选择浏览"下的"选择外墙"命令，激活该命令，弹出"过滤选项"对话框，如图 5-36 所示。

图 5-36　"过滤选项"对话框

4）修改外墙特性。根据命令栏中的文字提示，框选首层外墙构件，右击确定，此时，特性表中将变成外墙特性表，在特性表中将"热工"中"构造"修改成"外墙构造二"，按<Esc>键退出即可，如图 5-37 所示。

其余楼层的外墙构造与首层构造布置方法相同，根据建筑总说明构造做法进行设置，这里不再详细说明。

（3）梁体工程构造　以下介绍考虑梁柱热桥影响的平均传热系数和热惰性指标如何计算。

按照节能标准的规定，外墙需要考虑梁柱等热桥影响后的平均传热系数，外墙平均传热系数的计算需要梁柱等热桥的面积信息。在节能设计软件中柱子需要建模，梁和过梁则分别在墙体和门窗的特性表中进行设置。该工程实例中已经有柱的信息，接下来在墙体中设置梁的信息，单击屏幕菜单中"选择浏览"下的"选择外墙"命令，框选首层的所有图形选中全部外墙，在特性表中手动输入梁高，如图 5-38 所示。

在特性表中设置梁高值，可根据结构图取外墙上的平均梁高，梁构造选择工程构造中设置好的梁柱构造。

内墙的梁构造设置与外墙设置方法一致，这里不再重复说明。

门窗洞口的过梁设置与圈梁类似，在门窗特性表中设置过梁高、过梁超出宽度及选择过梁构造来实现过梁信息的录入。在该工程实例中，需要设置门窗的过梁构造；单击屏幕菜单中"选择浏览"下的"选择窗户"命令，框选所有楼层的图形构件，在特性表中手动选择"过梁构造"为"热桥梁构造一"，手动输入"过梁高"为"250"，如图5-39所示。

为了让梁柱起作用还需要在工程设置中勾选"自动考虑热桥"为"是"，特性表中的梁构造也必须选择一种构造，若为空则不起作用。

具备外墙和柱的模型以及梁和过梁的参数后，软件就可以自动按方向提取出外墙、柱、梁和过梁各部分的面积，然后按各自的传热系数占面积的权重，分别计算出东西南北墙体和整个墙体的加权平均传热系数。

图5-37 首层外墙特性表

2. 门窗类型

完成上述操作后，接下来对门窗类型进行设置。

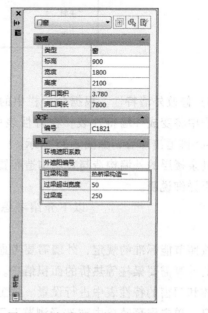

图5-38 梁设置　　　　图5-39 门窗洞口的过梁设置

1）外窗展开。设置门窗的开启方向；单击屏幕菜单中"门窗"下的"门窗展开"命令，根据命令栏中的文字提示，框选所有楼层的门窗构件，右击确定；软件将自动忽略"已忽略39个非外墙上的门窗."，根据命令栏提示单击展开到位置，在绘图区域空白处，单击放置门窗展开图形，如图5-40所示。

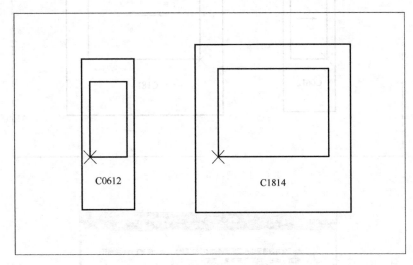

C0612

C1814

图5-40　外窗展开示意图

特别提示：门窗开启方向设置，只需要设置外墙的门窗构件，内墙中的门窗构件可忽略。

2）窗扇设置。单击屏幕菜单中"门窗"下的"插入窗扇"命令，弹出"窗扇"对话框，如图5-41所示。

图5-41　"窗扇"对话框

3）设置门窗开启方向。在"窗扇"对话框中根据门窗展开图形，修改其窗的高度和宽度，设置门窗的开启方式为"推拉窗-向左开"，在门窗展开示意图（图5-42）中点取窗的开启方向。

4）门窗开启设置提示。单击屏幕菜单中"设置"下的"门窗类型"命令，激活该命令，弹出提示对话框，如图5-43所示。

5）设置门窗类型。在提示对话框中单击"确定"按钮，进入到"门窗类型"对话框中，如图5-44所示。

6）提取门窗信息。单击"门窗类型"对话框中"提取开启信息"按钮，软件将自动提取门窗开启信息。

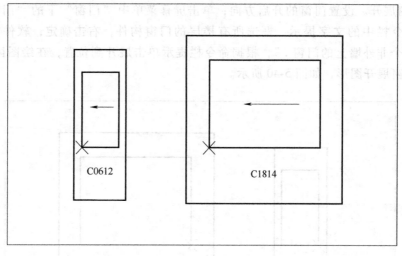

图 5-42　门窗开启方向示意图

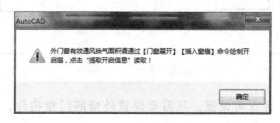

图 5-43　门窗开启设置提示

图 5-44　"门窗类型"对话框

　　7）修改门窗构造信息。在"门窗类型"对话框中，根据建筑图中门窗构造信息相应修改外门窗构造信息，单击"确定"按钮，如图 5-45 所示。

　　3. 遮阳类型

　　太阳辐射热是影响南方建筑能耗的重要因素，夏热冬暖地区的居住建筑以及公共建筑都对外窗的遮阳系数有限值的要求，需要进行遮阳系数计算。

　　外窗的综合遮阳系数为外窗自遮阳系数与外窗外遮阳系数的乘积，外窗的自遮阳系数在"工程构造"中设置，外窗的自遮阳系数与外窗玻璃的遮蔽系数及外窗玻璃面积占窗扇面积的比值有关，一般铝合金框外窗的玻璃面积占窗扇面积的比值取 0.8，塑钢框外窗的玻璃面积占窗扇面积的比值取 0.7，普通白玻的遮蔽系数可近似取 1，其他玻璃的遮蔽系数可以按照当地细则给出的参考值取值，也可根据厂商提供的数据取值。

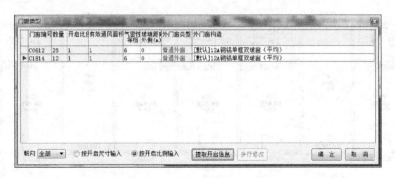

图 5-45　"门窗类型"对话框——门窗类型调整后

1）激活命令。单击屏幕菜单中"设置"下的"遮阳类型"命令，激活该命令。

2）设置参数。弹出"外遮阳类型"对话框，在对话框中单击"增加"按钮，在弹出对话框中输入"外遮阳_0"，选择"平板遮阳"的形式，如图 5-46 所示。在数据栏中输入遮阳参数。

图 5-46　"外遮阳类型"对话框——外遮阳类型设置

3）赋给外窗。设置好相关参数后，在"外遮阳类型"对话框中单击"赋给外窗"按钮，框选楼层外窗构件，即外遮阳构件布置完成，如图 5-47 所示。

完成外窗的自遮阳及外遮阳设置后，后续的节能分析将自动采用这些设置计算遮阳系数，在"节能检查"和"节能报告"中都有反映。

5.2.4　节能分析

1. 规定指标检查

建立了节能计算模型并设置了围护结构热工参数及外窗的遮阳参数后，通过前面的那些命令就可以计算出设计建筑的规定性指标值，但节能设计最终需要比较规定性指标的设计值与标准规定的限值，判定设计建筑的规定性指标是否符合节能标准的要求，这一步工作通过

"节能检查"完成。

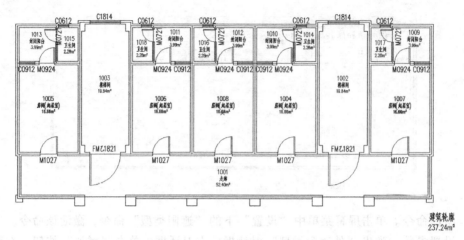

图 5-47　外遮阳构件布置

（1）**体形系数**　体形系数是建筑外围护结构的外表面积与其包围的体积的比值，体现的是单位体积的传热面积大小，控制建筑单位体积的传热面积是降低北方建筑采暖能耗的有效手段，所以节能标准中对采暖夏热冬冷地区的居住建筑以及采暖地区公共建筑的体形系数有明确的限值要求。而夏热冬暖地区的居住建筑以及夏热冬冷地区、夏热冬暖地区的公共建筑的体形系数没有强制性的限值要求。

单击屏幕菜单中"计算"下的"数据提取"命令，激活该命令；弹出"建筑数据提取"对话框，单击"计算"按钮，如图 5-48 所示。

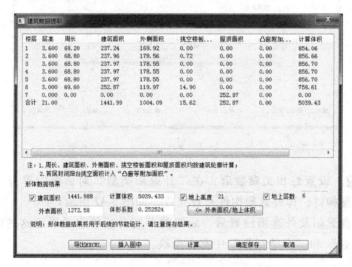

图 5-48　"建筑数据提取"对话框

在"建筑数据提取"对话框中，软件自动提取出各层的层高、周长、建筑面积、外侧面积、挑空楼板面积、屋顶面积、附加面积、地上体积和附加体积等信息，其中附加面积、附加体积为凸窗增加的传热面积及体积，挑空楼板面积及屋顶面积由软件自动判定得到，判定的原则：上一层的建筑轮廓比下层建筑轮廓多出的部分软件自动在底面封挑空楼板，若首层架空，则在首层建立一个空楼层，软件自动将上层底面封为挑空楼板；下一层的建筑轮廓比上层建筑轮廓多出的部分软件自动在顶面封平屋顶，顶层的上层为空，则顶层顶面自动封平屋顶，如顶层有坡屋顶，则按坡屋顶的实际面积进行计算。需要强调的是，虽然在图形中看不到挑空楼板及平屋顶，但软件已经自动将相应部位按照挑空楼板或屋顶参与计算了。最后，体形系数的计算过程可以导出到 Excel，也可以插入到图中。另外需要注意的是，后面的节能检查及性能指标计算都需要用到"数据提取"中的一些计算结果，所以这里需要单击"确定保存"按钮来保存这些计算数据。

（2）窗墙面积比   窗墙面积比（即窗墙比）是外窗面积与外墙面积（包含洞口面积）的比值。外窗是建筑耗能的薄弱环节，通过控制外窗在外围护结构中所占的比例，起到了降低建筑能耗的作用。节能标准中对各个朝向的窗墙比都有明确的限值要求。

窗墙比的计算除了与建筑模型有关外，还与建筑朝向及凸窗计算规则有关。

单击屏幕菜单中"计算"下的"窗墙比"命令，激活该命令，弹出"窗墙比"对话框，如图 5-49 所示。

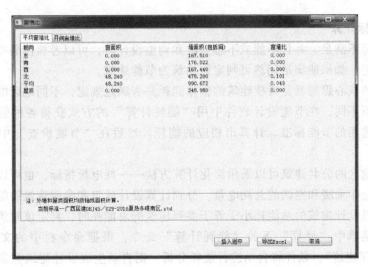

图 5-49   "窗墙比"对话框

（3）节能检查   完成上述计算操作后，单击屏幕菜单中"计算"下的"节能检查"命令，弹出"节能检查"对话框，如图 5-50 所示。

图 5-50 中的表格汇集了与选用的节能标准一一对应的节能检查项。在"节能检查"对话框中，与该工程无关或该工程没有的检查项以淡灰色显示，这些项无须关注。结论为"不满足"者以红色提示。"可否性能权衡"项中"可"表示在进行权衡评估时该项可突破，在权衡评估时必须满足的项为"不可"。

当总结论为"满足"时，表明该项目按规定性指标检查符合要求，可以判定为节能建筑，直接单击"输出报告"按钮获得节能报告。当总结论为"不满足"时，表明该项目按规定性指标检查不符合要求。此时，可以调整设计，或者进行能耗计算，然后进行性能指标的检查，如果性能指标达标也可以判定为节能建筑。

该实例的规定性指标检查不满足要求，因此，需要进行性能指标检查。

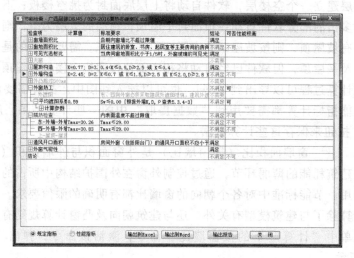

图 5-50 "节能检查"对话框

2. 性能指标计算

在规定指标不满足，并且不能或不想修改和调整设计时，可以考核性能指标看其是否能满足标准的规定，如果能满足仍然可判定该建筑为节能建筑。

性能指标的核心思想就是考核建筑的整体能耗是否满足规定，不同地区的节能标准考核的能耗形式有所不同，在节能设计软件中用"能耗计算"的方式获得各种能耗，系统将根据工程设置中选用的节能标准，计算出相应的能耗。然后在"节能检查"中对性能指标进行检查。

夏热冬暖地区的公共建筑可以采用简化计算方法——耗电量指标，也可以采用动态能耗模拟计算得到全年采暖和空调的总耗电量。分别计算设计建筑和参照建筑的能耗指标，将二者进行比较，当设计建筑的总能耗小于等于参照建筑的总能耗时，判定该建筑为节能建筑。

单击屏幕菜单中"计算"下的"能耗计算"命令，根据命令栏中的文字提示，选择"设计建筑+参照建筑"，软件将自动进行能耗分析，则自动生成设计建筑和参照建筑的两个耗电量指标计算表，比较两个表格中的计算结果，若设计建筑的耗电量指标小于参照建筑的耗电量指标，则该建筑符合节能要求；若设计建筑的耗电量指标大于参照建筑的耗电量指标，则该建筑仍不符合节能要求，需要修改设计，进行节能改进。经能耗计算，该工程实例的总耗量：设计建筑，空调年耗电指数 ECFC 为 22.59；参照建筑，空调年耗电指数 ECFC 为 13.67，如图 5-51 和图 5-52 所示。

●设计建筑：
建筑面积(m²)：1441.99
空调年耗电指数ECFC：22.59

●参照建筑：
建筑面积(m²)：1441.99
空调年耗电指数ECFC：13.67

图 5-51 设计建筑能耗结果   图 5-52 参照建筑能耗结果

单击屏幕菜单中"计算"下的"节能检查"命令，弹出"节能检查"对话框，选择"性能指标"选项，如图 5-53 所示。

通过能耗计算和节能检查判定：该工程的性能指标不满足要求，需要修改设计。

图 5-53　"节能检查"对话框——节能检查报告 1

3. 其他计算

（1）平均 *K* 值计算　单击屏幕菜单中"计算"下的"平均 K 值"命令，弹出"平均 KD"对话框，如图 5-54 所示。

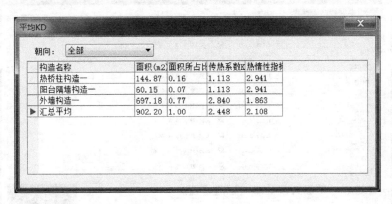

图 5-54　"平均 KD"对话框

（2）隔热计算　单击屏幕菜单中"计算"下的"隔热计算"命令，弹出"隔热计算"对话框，在对话框中单击"全部计算"按钮，软件将自动计算分析，如图 5-55 所示。

特别提示：在工程设置中，软件进行隔热计算时，需要考虑自然通风和空调房间两种情况。

4. 节能分析调整

根据节能检查出的报告观察到屋顶和外墙的构造不满足要求，故需回到工程构造设置界面进行调整。

1）激活命令。单击屏幕菜单中"设置"下的"工程构造"命令，弹出"工程构造"对话框，如图 5-56 所示。

图 5-55 "隔热计算"对话框

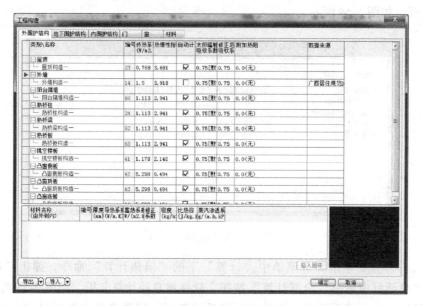

图 5-56 "工程构造"对话框 2

2) 设置参数。在对话框中,选择"外墙构造一",将"外墙构造一"中"自动计算"取消勾选,修改传热系数为"1.5"(原则上修改低于标准数值),右击,弹出选项栏中选择"由 KD 值调整材料厚度"选项,如图 5-57 所示。

3) 节能检查。调整完成后,单击屏幕菜单中"计算"下的"节能检查"命令,弹出"节能检查"对话框,查看"规定指标"是否满足,如果满足要求,则该建筑符合节能设计标准,如图 5-58 所示。

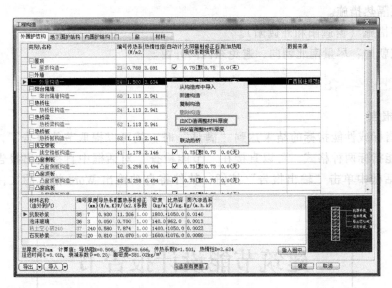

图 5-57 屋顶构造调整

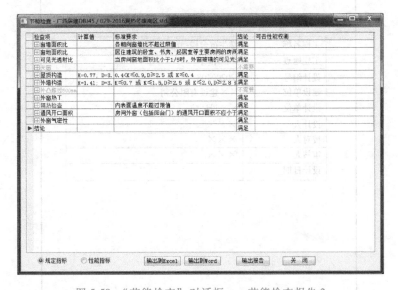

图 5-58 "节能检查"对话框——节能检查报告2

5. 节能改进方法

原则上先考虑规定指标分析结果，该结果满足节能设计指标分析，说明该建筑满足节能要求；如果规定指标分析不满足节能设计标准，而性能指标计算满足要求，则认为该建筑也满足节能要求。

采用以下方法进行调整设计模型：

1）由于设计方一般不愿对图纸进行大改动，通常采用先修改围护结构的保温材料性能或改进外窗类型等方法。

2）合理地控制窗墙比。

3）屋顶隔热措施。

4）遮阳措施（窗遮阳和外遮阳）。

5）建筑朝向：尽量南北朝向，避免东西向开窗。

5.2.5 节能报告输出

1. 节能报告

当规定指标或性能指标的结果达到"满足"时，就可以提取节能报告了，报告分为规定指标和性能指标两种格式。可以直接在"节能检查"对话框中直接输出报告，即在"节能检查"对话框中单击"输出报告"按钮，软件将自动输出 Word 格式的文件，如图 5-59 所示。

建筑节能设计报告书

公共建筑—综合权衡

工程名称	学生宿舍楼-节能案例工程
工程地点	广西-南宁
设计编号	20200408
建设单位	××建设有限公司
设计单位	××设计院
设计人	×××
校对人	×××
审核人	×××
设计日期	

采用软件	节能设计BECS2018
软件版本	20210101
研发单位	
正版授权码	

图 5-59 节能报告

2. 报审表

某些节能要求严格的地区，除了要上报节能报告还需要送交报审表，尽管各地的报审表格式不同，但节能设计软件提供了大量能够收集到的全国各地的报审表模板供选择，这些模板与选定的节能标准一一对应。

单击屏幕菜单中"计算"下的"报审表"命令，弹出"选择模板"对话框，如图5-60所示。选择"广西-夏热冬暖公建节能审查表（按规定性指标）"选项，输出Word格式的报审表。

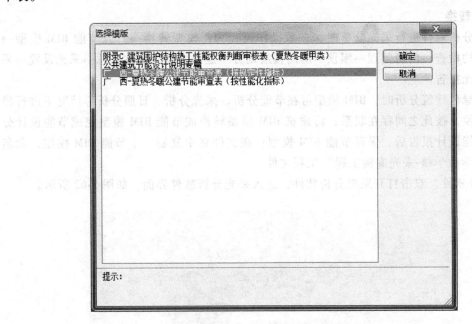

图5-60 "选择模板"对话框

3. 结果汇总

完成一个项目的节能报告分析后将得到的结果文件，如图5-61所示。

swr_workset.ws
swr_workset.ws.bak
学生宿舍楼-隔热检查计算书.docx
学生宿舍楼-节能案例工程.dwg
学生宿舍楼-节能设计报告书.docx
学生宿舍楼-围护结构节能设计.docx

图5-61 节能报告文件

图5-61中："swr_workset.ws"为节能模型数据文件；"学生宿舍楼-节能案例工程.dwg"为节能模型；Word文档为节能报告文件，以上文件都需保留，否则节能模型数据将会缺失。

■ 5.3 采光分析实例

本小节重点讲述怎样使用采光分析软件来完成采光分析，了解采光分析软件的基本操作流程与方法以及采光分析设置和计算等操作。

采光分析主要是通过天空漫反射的原理，透过窗户等透明构件进行室内分析，原则上是在全阴天的环境下，通过模拟法的方式进行分析。

5.3.1 采光模型调整

1. 模型转换

在采光分析软件进行采光分析时，一般操作流程为：模型转换→打开节能BIM模型→模型围护结构检查→门窗整理→屋顶→房间楼层划分→建总图框→单体入总→采光设置→采光分析→采光报告。

在进行绿色建筑分析时，BIM模型可在节能分析、采光分析、日照分析等情况下进行模型间相互转换，彼此之间存在联系；将建筑BIM模型转换成节能BIM模型完成节能设计分析，输出节能设计报告后，保存节能BIM模型；在文件夹中复制一个节能BIM模型，命名为"某某小学教学楼-采光案例工程"工程文件。

1）打开软件。双击打开采光分析软件，进入采光分析软件界面，如图5-62所示。

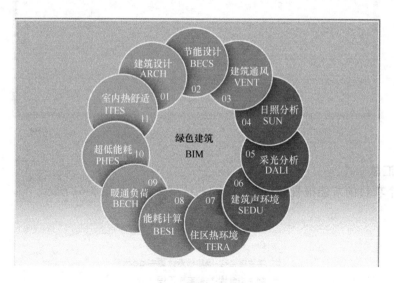

图5-62 启动软件界面

2）打开工程项目。单击"文件"中"打开"命令，软件弹出"选择文件"对话框，在对话框中选择"学生宿舍楼-采光案例工程.dwg"文件，单击"打开"按钮，进入到软件界面中，如图5-63所示。

3）模型观察。观察模型的完整性；打开工程项目后，单击屏幕菜单中"检查"下的"模型观察"命令，激活该命令。

4）检查模型。弹出"模型观察"对话框，在对话框中观察模型的完整度，如图5-64所示。

2. 围护结构

观察模型构件没有缺失后，退出"模型观察"对话框，检查围护结构的高度和信息是否正确。

1）激活命令。单击屏幕菜单中"检查"下的"过滤选择"命令，激活该命令。

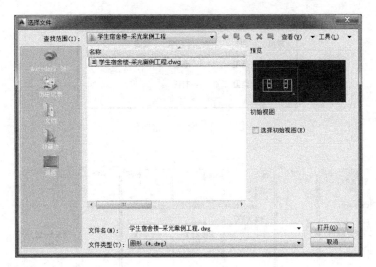

图 5-63　打开文件

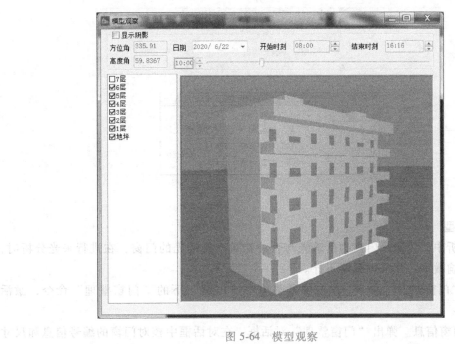

图 5-64　模型观察

2）墙体过滤。弹出"过滤条件"对话框，在对话框中切换至"墙体"选项，如图 5-65 所示。

3）命令栏提示。根据命令栏中的文字提示，在绘图区域中点选一堵墙体，再根据命令栏中的文字提示框选所有墙体，右击确定。选择墙体后界面如图 5-66 所示。

4）检查墙体信息。选择墙体后右击，在弹出的选项窗口中选择"对象编辑"，弹出"墙体设置"对话框，检查墙体的信息是否有误，若墙体信息无误，则围护结构信息正确，如图 5-67 所示。

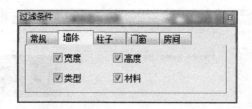

图 5-65　墙体过滤条件

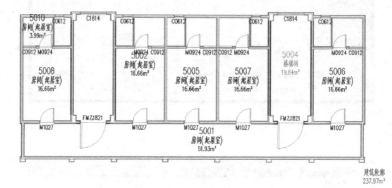

图 5-66　选择墙体后界面

图 5-67　"墙体设置"对话框

3. 门窗类型

在采光分析中，关键是门窗构件透光与否。如果不是透光的门窗，在进行采光分析时，采光计算的影响微小，几乎可忽略不计。

1）激活"门窗整理"命令。单击屏幕菜单中"门窗"下的"门窗整理"命令，激活该命令。

2）核对门窗信息。弹出"门窗整理"对话框，在对话框中核对门窗的编号信息和尺寸信息，以及门窗安装高度，如图 5-68 所示。

3）激活"门窗类型"命令。核查门窗基本信息无误后，进行门窗类型设置；单击屏幕菜单中"设置"下的"门窗类型"命令，激活该命令。

4）设置门窗类型。弹出"门窗类型"对话框，在对话框中根据建筑图纸说明分别设置门窗的窗框类型和玻璃类型，如图 5-69 所示。

5）完成设置。完成门窗类型设置后，单击"确定"按钮。

6）设置遮阳类型。根据图纸说明和设计要求进行设置。单击屏幕菜单中"设置"下的"遮阳类型"命令，激活该命令。

图 5-68 "门窗整理"对话框

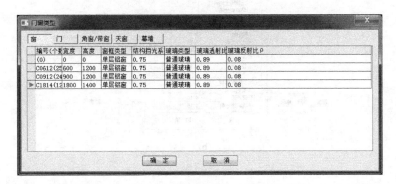

图 5-69 "门窗类型"对话框

7）弹出"外遮阳类型"对话框，在对话框中单击"增加..."按钮，弹出"遮阳类型"对话框，设置遮阳类型为"平板遮阳"，单击"确定"按钮，如图 5-70a 所示。

8）设置其他信息。根据图纸说明和设计要求，在"外遮阳类型"对话框中设置"外遮阳_平板遮阳_800mm"，遮阳挡板的尺寸规格为"800"，反射比选择为"浅色彩色涂料"，如图 5-70b 所示，设置完成后单击"赋给外窗"按钮，在绘图区域中框选外窗设置。

4. 屋顶设置

由于屋顶是建筑物的顶部围护结构，屋顶上如果存在天窗，则在进行采光分析计算时，也可对采光结果存在一定的影响。如果屋顶为坡屋顶，同时存在老虎窗等透光构件时，需要特别注意。

该工程实例中屋顶为平屋顶，故无须考虑屋顶的设置调整。

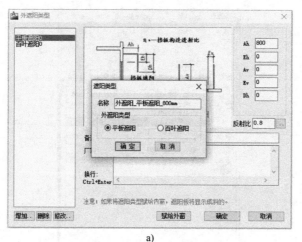

a)

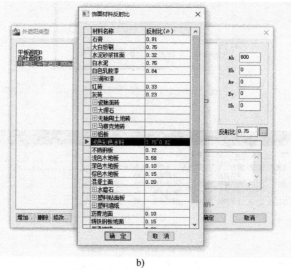

b)

图 5-70 "外遮阳类型"对话框

a) "外遮阳类型-平板遮阳"对话框　b) "外遮阳类型-平板遮阳-反射比材料"对话框

5.3.2 采光模型空间划分

1. 房间空间划分

采光分析计算是以房间为基本单元进行的，故需要进行房间划分。注意，房间划分后记录了围成房间的所有墙体的信息，对墙体进行修改后，需要重新搜索房间，若不搜索，则房间信息无效。

1）激活命令。单击屏幕菜单中"空间划分"下的"搜索房间"命令，激活该命令。

2）房间划分。弹出"房间生成选项"对话框，在对话框中"房间显示"选择"显示编号+名称""面积"和"单位"选项，"生成选项"中勾选"更新原有房间编号和高度"，其他按照默认设置，框选首层楼层，右击确定，完成房间划分，如图5-71所示。

3）划分示意。房间划分完成后，如图5-72所示。

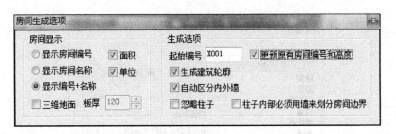

图 5-71 房间划分

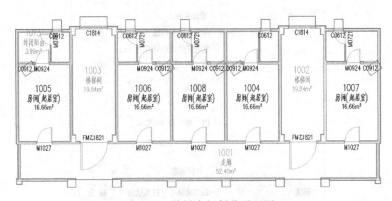

图 5-72 首层房间划分平面图

其余楼层的房间划分与首层操作步骤一致,这里不再重复说明。

2. 房间类型设置

在"搜索房间"后,软件中显示的房间对象的模型名称为"房间",这个名称是房间的标称,不代表房间的采光功能类型,故需要进行房间类型设置,设置采光功能类型,设置后,房间的名称后会加一个带"采光分类"的房间功能。例如,一个房间对象显示为"办公楼(办公室)","办公楼"为房间名称,"办公室"为房间的采光类型。

房间类型决定了采光要求,即采光等级,不同等级对采光系数(或照度)有不同的要求。

1)激活命令。单击屏幕菜单中"设置"下的"房间类型"命令,激活该命令。

2)设置参数。弹出"房间类型"对话框,在对话框中选择建筑类型为"居住建筑",其余按软件默认设置,根据图纸设计要求,单击左边房间类型名称,对话框右边会自动匹配模型中的房间采光等级和相关采光信息数据,如图 5-73 所示。

3)赋予房间类型。选择对话框中左侧的采光等级类型后,单击"图选赋给"按钮,赋予到模型中的房间,如图 5-74 所示。

其余楼层采光类型设置与首层设置方法一致,这里不再重复说明。

3. 模型观察

完成以上操作后,单体模型到这里将完成修改调整,接下来观察单体模型的效果,进行最后确定。

单击屏幕菜单中"检查"下的"模型观察"命令,弹出"模型观察"对话框,图中包括楼梯间、走道、起居室和卧室等房间,如图 5-75 所示。

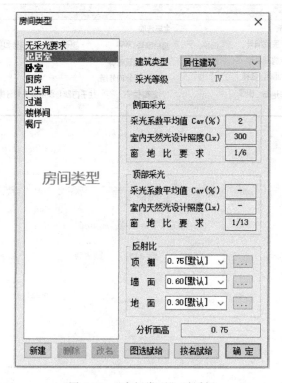

图 5-73 "房间类型"对话框

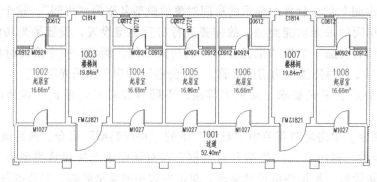

图 5-74 首层采光类型

5.3.3 总图建模

由于采光分析不仅仅是分析单栋建筑,还需要周边环境建筑和其他遮挡建筑群体,周围环境建筑和其他遮挡物影响房间的采光,故需要创建总图模型。

创建总图模型时,需要建立以下信息:

1)总图的图形范围及与单体建筑的对齐整合。

2)影响设计建筑采光的室外三维遮挡物。

图 5-75 "模型观察"对话框 2

1. 创建总图框

1）激活命令。创建总图框范围和对齐点；单击屏幕菜单中"总图"下的"建总图框"命令，激活该命令。

2）设置总图框。根据命令栏中的文字提示，在绘图区域的空白地方左上角单击和右下角单击创建一个矩形范围；根据命令栏中的提示，在矩形范围中心位置设置对齐点和室内外高差为 30mm，如图 5-76 所示。

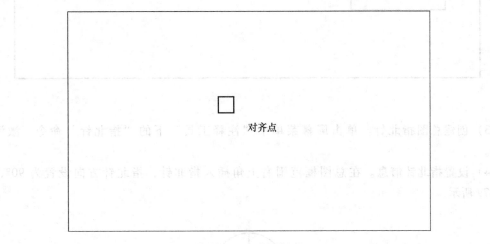

对齐点

图 5-76 总图框

2. 建筑轮廓

完成总图框创建后，接下来创建分析建筑的周边建筑群体，作为分析建筑的遮挡物。

1）激活命令。单击"插入"选项卡下"绘图"面板中的"多段线 ⌐⊃"命令，激活该命令，如图 5-77 所示。

2）绘制建筑轮廓。根据命令栏中的文字提示，在总图框范围内绘制多个建筑物轮廓，如图 5-78 所示。

图 5-77 "多段线"命令

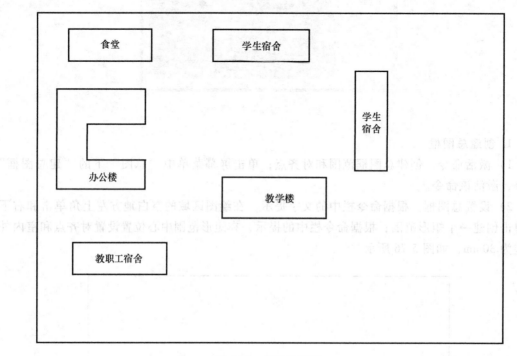

图 5-78 建筑轮廓线

3）创建总图指北针。单击屏幕菜单中"注释工具"下的"指北针"命令，激活该命令。

4）设置指北针信息。在总图框范围右上角插入指北针，指北针方向设置为 90°，如图 5-79 所示。

图 5-79 总图指北针

5）赋予建筑轮廓高度。单击屏幕菜单中"总图"下的"建筑高度"命令，激活该命令。

6）设置建筑物高度。根据命令栏中的文字提示，选择"教职工宿舍"建筑轮廓线，右击确定，在命令栏中输入建筑高度为 14400mm，建筑底标高为 0，结果如图 5-80 所示。图中线变色表示建筑轮廓存在高度信息。

教职工宿舍

图 5-80 教职工宿舍建筑

其余建筑轮廓线与教职工宿舍建筑轮廓线操作方法一致，参照上述方法，完成建筑高度赋予，如图 5-81 所示。

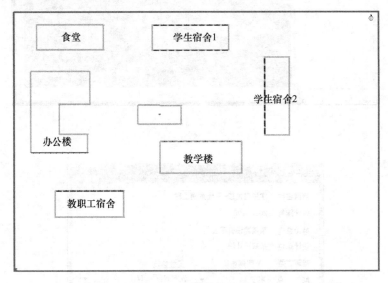

图 5-81 建筑群体轮廓线

特别提示：建筑群体只是作为分析建筑的遮挡建筑物，无须进行门窗等细部构件的创建。

3. 模型组合

将单体模型插入到总图框中，形成建筑群体。

1）激活命令。建筑单体与总图组合；单击屏幕菜单中"总图"下的"本体入总"命令，激活该命令。

2）模型组合。软件自动将建筑单体模型链接到总图框中，如图 5-82 所示。

5.3.4 采光分析设置

完成单体模型与总图模型的创建和调整后，确定模型信息完整，接下来进行采光设置。

1）激活命令。单击屏幕菜单中"设置"下的"采光设置"命令，激活该命令。

2）设置参数。弹出"采光设置"对话框，在对话框中设置采光分析的计算条件和分析参数，如图 5-83 所示。

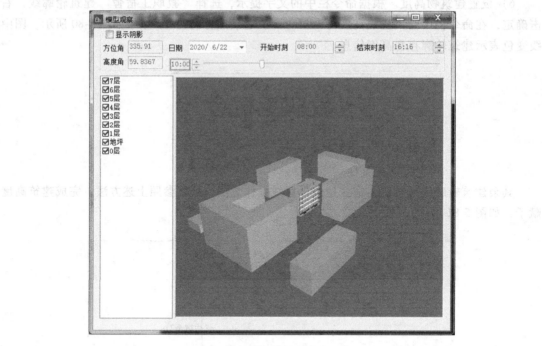

图 5-82 模型组合

图 5-83 采光设置

在对话框中设置建筑类型为"民用建筑",地点选择为"南宁",采光标准选择"GB50033-2013",采光引擎为"模拟法",其他信息按照软件默认设置即可。

5.3.5　采光分析计算

《建筑采光设计标准》（GB 50033—2013）用采光系数表达房间的采光质量。采光系数是全阴天条件下，室内天然光照度与室外光照度的比值，它表达了建筑的采光质量，与天空的光照条件无关。

1. 采光计算

完成上述操作后，接下来进行采光计算分析。

1）激活命令。单击屏幕菜单中"基本分析"下的"采光计算"命令，激活该命令。

2）选择计算范围。弹出"房间采光选择"对话框，在对话框中勾选全部楼层建筑确定计算范围，单击"采光计算"按钮，软件将自动进行采光计算分析，如图5-84所示。

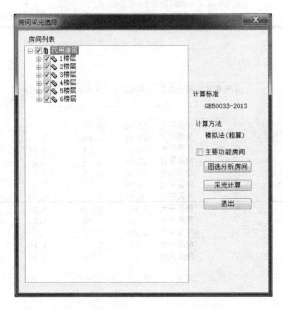

图 5-84　"房间采光选择"对话框

3）输出房间采光值。待软件进度条加载完成后，软件将弹出"房间采光值分析"对话框，在对话框中可观察到该工程房间的采光标准，如图5-85所示。

其中，"房间采光值分析"对话框中结论分为满足、不满足（浅灰色）、过亮不宜。在不满足的结论中，需要调整设计模型：根据采光分析计算结果报告，进行逐项调整。采光分析调整的原则：先从工程构造出发，调整工程构造，其次考虑设计模型的调整。

（1）对于房间不满足强条要求的情况下

1）根据采光计算分析中的数据调整房间的采光系数；观察采光分析结果中强条要求不满足的房间，如图5-86所示。

2）观察发现2005房间为强条要求不满足采光系数标准值的房间，故回到模型中观察，如图5-87所示。

1014、1015房间中窗户有遮阳类型，故降低了房间采光要求。调整方法是将外窗的外遮阳类型删除。

图 5-85 "房间采光值分析"对话框

分类	采光等级	采光类型	房间面积	采光系数C(%)	采光系数标准值(%)	结论
▶ ⊟ 2						
— 2002[楼梯间]	V	侧面采光	19.84	1.36	1.10	满足
— 2003[楼梯间]	V	侧面采光	19.84	1.26	1.10	满足
— 2004[起居室]	IV	侧面采光	16.66	0.14	2.20	不满足
— 2005[起居室]	IV	侧面采光	16.66	1.56	2.20	不满足
— 2006[起居室]	IV	侧面采光	16.66	0.19	2.20	不满足
— 2007[起居室]	IV	侧面采光	16.66	0.17	2.20	不满足
— 2008[起居室]	IV	侧面采光	16.66	1.79	2.20	不满足
— 2012[卫生间]	V	侧面采光	3.99	18.47	1.10	过亮不宜
— 2014[卫生间]	V	侧面采光	2.28	0.00	1.10	不满足
— 2015[卫生间]	V	侧面采光	2.28	1.17	1.10	满足
— 2016[卫生间]	V	侧面采光	2.28	0.00	1.10	不满足
— 2017[卫生间]	V	侧面采光	2.28	0.00	1.10	不满足

图 5-86 二层房间采光结果

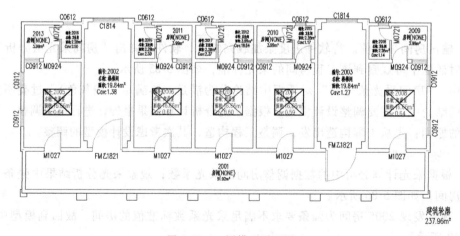

图 5-87 二层模型平面图

3) 单击"采光计算"命令,重新进行采光计算分析,结果满足采光标准要求,如图 5-88 所示。

分类	采光等级	采光类型	房间面积	采光系数C(%)	采光系数标准值(%)	结论
└ 2002[楼梯间]	Ⅴ	侧面采光	19.84	1.38	1.10	满足
└ 2003[楼梯间]	Ⅴ	侧面采光	19.84	1.26	1.10	满足
└ 2004[起居室]	Ⅳ	侧面采光	16.66	0.14	2.20	不满足
└ 2005[起居室]	Ⅳ	混合采光	16.66	2.16	1.10	**满足**

图 5-88　模型调整后采光分析结果

（2）对于房间不满足非强条要求的情况下

1）通过遮阳类型与门窗构造调整后还不满足时，可采用布置导光管或反光板的方式，增加采光系数，例如，2014 房间。

2）单击屏幕菜单中"设置"下的"布导光管"命令，弹出"布导光管"对话框，在对话框中设置导光管相关参数，在平面图中单击布置，如图 5-89 所示。

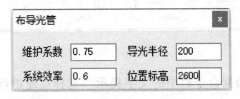

图 5-89　设置导光管参数

3）布置完导光管后，再次单击"采光计算"命令，重新计算分析，结果如图 5-90 所示。

分类	采光等级	采光类型	房间面积	采光系数C(%)	采光系数标准值(%)	结论
└ 2014[卫生间]	Ⅴ	侧面采光	2.28	2.47	1.10	满足
└ 2015[卫生间]	Ⅴ	侧面采光	2.28	1.17	1.10	满足
└ 2016[卫生间]	Ⅴ	侧面采光	2.28	2.50	1.10	满足
└ 2017[卫生间]	Ⅴ	侧面采光	2.28	2.37	1.10	满足
└ 2018[卫生间]	Ⅴ	侧面采光	2.28	1.14	1.10	满足

图 5-90　"2014"房间调整后采光分析结果

其余楼层的调整方法参照上述步骤调整即可，这里不再重复说明。

综上所述，对于采光系数结果不满足的情况下，调整方法为先调整模型的遮阳类型和门窗类型，后采用补救的方式（布导光管或反光板）进行补光。

2. 达标率

根据《绿色建筑评价标准》（GB/T 50378—2019），分析统计该工程的采光达标率。达标率采用平均采光系数。在进行达标率分析之前，务必先进行采光计算，否则无法计算。

1）激活命令。单击屏幕菜单中"基本分析"下的"达标率"命令，激活该命令。

2）数据浏览。根据命令栏中的文字提示"选择已经进行过采光计算的房间"，框选所有房间，右键确定，弹出"达标率"对话框，达标率结果浏览如图 5-91 所示。

3. 视野计算

根据《绿色建筑评价标准》（GB/T 50378—2019），对建筑进行视野分析。

1）激活命令。单击屏幕菜单中"基本分析"下的"视野计算"命令，激活该命令。

图 5-91 所示的"达标率"对话框表格：

楼层/房间	采光等级	采光类型	采光系数要求(%)	房间面积(m2)	达标面积(m2)	达标率(%)
□1						
1004[起居室]	IV	顶部	1.10	16.66	0.71	4
1005[起居室]	IV	顶部	1.10	16.66	1.19	7
1006[卧室]	IV	侧面	2.20	16.66	0.00	0
1007[起居室]	IV	顶部	1.10	16.66	0.95	6
1008[起居室]	IV	顶部	1.10	16.66	16.66	100
□2						
2004[起居室]	IV	顶部	1.10	16.66	1.19	7
2005[起居室]	IV	顶部	1.10	16.66	16.66	100
2006[起居室]	IV	顶部	1.10	16.66	1.67	10
2007[起居室]	IV	顶部	1.10	16.66	1.67	10
2008[起居室]	IV	顶部	1.10	16.66	16.66	100
□3						
3004[起居室]	IV	顶部	1.10	16.66	1.43	9
3005[起居室]	IV	顶部	1.10	16.66	1.43	9
3006[起居室]	IV	顶部	1.10	16.66	1.67	10
3007[起居室]	IV	顶部	1.10	16.66	1.67	10
3008[起居室]	IV	顶部	1.10	16.66	1.43	9
□4						
4004[起居室]	IV	顶部	1.10	16.66	1.90	11
4005[起居室]	IV	顶部	1.10	16.66	1.67	10
4006[起居室]	IV	顶部	1.10	16.66	1.90	11
4007[起居室]	IV	顶部	1.10	16.66	1.90	11
4008[起居室]	IV	顶部	1.10	16.66	1.67	10
□5						
5002[起居室]	IV	顶部	1.10	23.80	3.64	15
5005[起居室]	IV	顶部	1.10	16.66	1.67	10
5006[起居室]	IV	顶部	1.10	16.66	1.67	10
5007[起居室]	IV	顶部	1.10	16.66	1.43	9
5008[起居室]	IV	顶部	1.10	16.66	1.43	9

○详表　○汇总表　□合并导出　导出Word　导出Excel　输出报告　关闭

图 5-91　达标率结果浏览

2）选取研究对象。根据命令栏中的文字提示"选择已经进行过采光计算的房间"，框选所有房间，右键确定。

3）设置参数。根据命令栏中的文字提示，设置分析面高度为"1500"，软件将自动计算，弹出"视野分析"对话框，视野分析结果浏览如图 5-92 所示。

视野分析对话框表格：

良好视野要求（可看到景观的面积比例 %）　70　生成彩图　图片宽度（像素）　800

楼层/房间	采光等级	采光类型	房间面积(m2)	看到景观面积(m2)	面积比例(%)
□1					
1008[起居室]	IV	侧面	16.66	2.14	13
1007[起居室]	IV	侧面	16.66	1.19	7
1006[卧室]	IV	侧面	16.66	4.52	27
1005[起居室]	IV	侧面	16.66	8.81	53
1004[起居室]	IV	侧面	16.66	4.76	29
□2					
2008[起居室]	IV	侧面	16.66	1.90	11
2007[起居室]	IV	侧面	16.66	2.62	16
2006[起居室]	IV	侧面	16.66	4.76	29
2005[起居室]	IV	侧面	16.66	8.81	53
2004[起居室]	IV	侧面	16.66	5.00	30
□3					
3008[起居室]	IV	侧面	16.66	2.62	16
3007[起居室]	IV	侧面	16.66	5.00	30
3006[起居室]	IV	侧面	16.66	3.09	19
3005[起居室]	IV	侧面	16.66	5.47	33
3004[起居室]	IV	侧面	16.66	8.81	53
□4					
4008[起居室]	IV	侧面	16.66	4.05	24
4007[起居室]	IV	侧面	16.66	5.47	33
4006[起居室]	IV	侧面	16.66	4.05	24
4005[起居室]	IV	侧面	16.66	6.43	39
4004[起居室]	IV	侧面	16.66	8.81	53
□5					
5008[起居室]	IV	侧面	16.66	8.81	53
5007[起居室]	IV	侧面	16.66	7.38	44
5006[起居室]	IV	侧面	16.66	6.43	39
5005[起居室]	IV	侧面	16.66	6.43	39
5002[起居室]	IV	侧面	23.80	22.59	95

○详表　○汇总表　□合并导出　导出Word　导出Excel　输出报告　关闭

图 5-92　视野分析结果浏览

同时，根据视野分析结果数据，生成视野彩图，单击对话框中"生成彩图"按钮，软件将自动生成视野彩图，如图 5-93 所示。

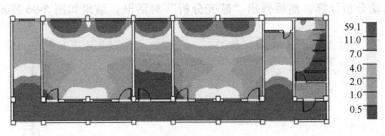

图 5-93 视野彩图

4. 眩光指数

该工程实例中，教学楼的房间对于采光质量要求较高，但同时光线强的情况下，容易产生不舒适的眩光，故需要进行眩光指数分析。

1）激活"设眩光点"命令。单击屏幕菜单中"基本分析"下的"设眩光点"命令，激活该命令。

2）设置选项。根据命令栏中的文字提示，选择"自动设置"选项，如图5-94所示。

图 5-94 眩光点设置

3）选取研究对象。根据命令栏中提示，选择工程中所有房间，右击确定。

4）激活"眩光指数"命令。单击屏幕菜单中"基本分析"下的"眩光指数"命令，激活该命令。

5）眩光计算参数设置。根据命令栏中的文字提示，框选所有房间，右击确定，弹出"眩光计算参数"对话框，眩光计算参数设置如图5-95所示。

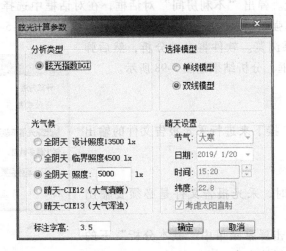

图 5-95 眩光计算参数设置

6）眩光分析结果浏览。在对话框中，设置"选择模型"为"双线模型"，"光气候"设置为"全阴天 照度为5000lx"，"晴天设置"中"节气"为"大寒"，单击"确定"按钮，软件将自动分析计算，然后弹出“眩光分析”对话框，结果如图 5-96 所示。

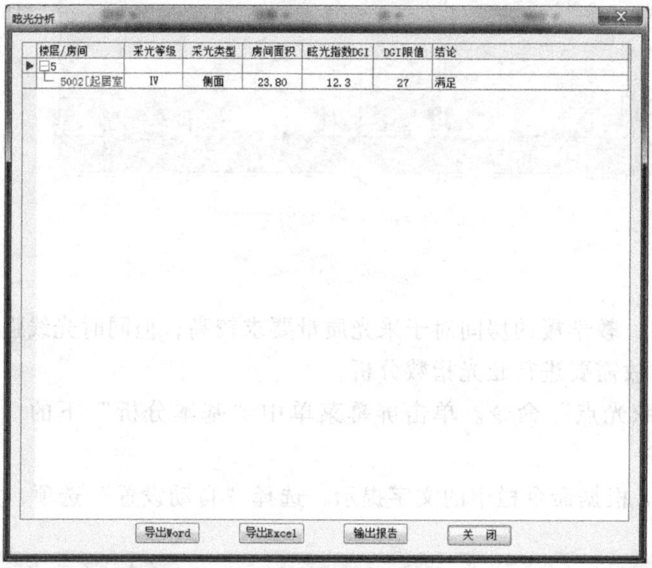

图 5-96　眩光分析结果浏览 1

特别提示：达标率分析、视野计算和眩光指数分析主要是针对建筑工程中主要房间功能类型分析，对于卫生间、楼梯间等采光要求非主要房间，无须进行以上分析计算。

5. 不利房间

软件能自动列出采光效果不利的房间，方便后期更有针对性地进行局部采光优化设计。

1）激活命令。单击屏幕菜单中“辅助分析”下的“不利房间”命令，激活该命令。

2）不利房间设置。弹出“不利房间”对话框，在对话框中选择“计算方法”为“公式法”，勾选“仅计算强条要求的房间”，单击“确定”按钮，如图 5-97 所示。

3）不利房间结果浏览。软件将自动分析，然后弹出“不利房间”对话框，分析结果如图 5-98 所示。

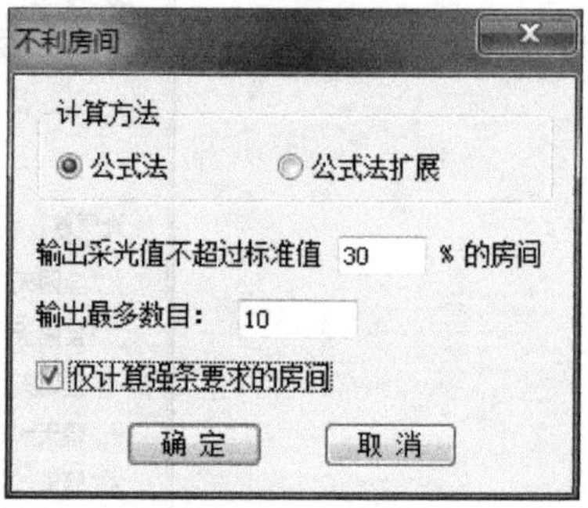

图 5-97　不利房间设置

5.3.6　采光报告输出

完成上述操作后，接下来进行采光报告文件的输出和汇总。

1. 采光报告

在进行采光分析时，采光报告文件是必须要输出的一份报告文件。

1）激活命令。单击屏幕菜单中“基本分析”下的“采光报告”命令，激活该命令。

2）输出采光报告。弹出“房间采光值分析”对话框，在对话框中选择“学校采光设计审查”选项，单击“Word 报告”按钮，输出采光报告，如图 5-99 所示。

3）保存数据。输出完成后，单击保存，保存采光分析报告文件。

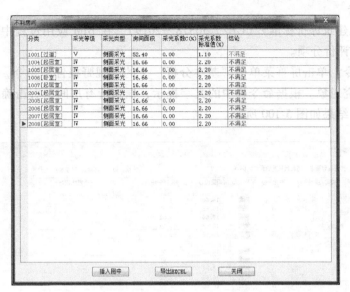

图 5-98　不利房间分析结果浏览

建筑采光分析报告书

工程名称	××学生宿舍楼-采光案例工程
设计编号	20200408
建设单位	××建设有限公司
设计单位	××设计院
审核人	
审定人	
计算日期	2020年4月9日

采用软件	采光分析DALI2018
软件版本	
研发单位	
正版授权码	
服务热线	

图 5-99　采光报告封面示意

2. 视野报告

根据《绿色建筑评价标准》（GB/T 50378—2019），在 BIM 应用过程中视野报告文件将在评价体系中有评价分项。

1）激活命令。单击屏幕菜单中"基本分析"下的"视野报告"命令，激活该命令。

2）选取研究对象。根据命令栏中的文字提示，框选所有房间，右击确定，弹出"视野分析"对话框，结果如图 5-100 所示。

视野分析						
良好视野要求（可看到景观的面积比例 %）	70			生成彩图	图片宽度（像素）	800
楼层/房间	采光等级	采光类型	房间面积(m2)	看到景观面积(m2)		面积比例(%)
□1						
1004[起居室]	IV	侧面	16.66	4.76		29
1005[起居室]	IV	侧面	16.66	8.81		53
1006[卧室]	IV	侧面	16.66	4.52		27
▶ 1007[起居室]	IV	侧面	16.66	1.19		7
1008[起居室]	IV	顶部	16.66	2.14		13
□2						
2004[起居室]	IV	侧面	16.66	5.00		30
2005[起居室]	IV	侧面	16.66	8.81		53
2006[起居室]	IV	侧面	16.66	4.76		29
2007[起居室]	IV	侧面	16.66	2.62		16
2008[起居室]	IV	侧面	16.66	1.90		11
□3						
3004[起居室]	IV	侧面	16.66	8.81		53
3005[起居室]	IV	侧面	16.66	5.47		33
3006[起居室]	IV	侧面	16.66	3.09		19
3007[起居室]	IV	侧面	16.66	5.00		30
3008[起居室]	IV	侧面	16.66	2.62		16
□4						
4004[起居室]	IV	侧面	16.66	8.81		53
4005[起居室]	IV	侧面	16.66	6.43		39
4006[起居室]	IV	侧面	16.66	4.05		24
4007[起居室]	IV	侧面	16.66	5.47		33
4008[起居室]	IV	侧面	16.66	4.05		24
□5						
5002[起居室]	IV	侧面	23.80	22.59		95
5005[起居室]	IV	侧面	16.66	6.43		39
5006[起居室]	IV	侧面	16.66	6.43		39
5007[起居室]	IV	侧面	16.66	7.38		44
5008[起居室]	IV	侧面	16.66	8.81		53
◉详表 ○汇总表 □合并导出		导出Word	导出Excel	输出报告		关 闭

图 5-100 视野分析结果

3）视野分析结果输出。在对话框中，勾选"合并导出"，单击"输出报告"按钮，软件将自动导出 Word 格式文件的视野分析报告文件，如图 5-101 所示。

3. 眩光报告

根据《绿色建筑评价标准》（GB/T 50378—2019）的要求，在 BIM 应用过程中眩光报告文件将在评价体系中有评价分项。

1）激活命令。单击屏幕菜单中"基本分析"下的"眩光报告"命令，激活该命令。

2）选取研究对象。根据命令栏中的文字提示，框选所有房间，右击确定，弹出"眩光分析"对话框，结果如图 5-102 所示。

3）眩光分析报告输出。在对话框中，单击"输出报告"按钮，软件将自动导出 Word 格式文件的眩光分析报告文件，如图 5-103 所示。

4. 结果汇总

输出完成上述 3 份报告后，就完成了该工程实例的采光分析操作，最后将得到如图 5-104 所示的结果文件。

其中："RadWork"和"学生宿舍楼-采光案例工程 pic"文件夹为模型中分析彩图文件；

"BUILDING.DBF" 为采光模型数据文件；"学生宿舍楼-采光案例工程.dwg" 为采光模型；Word 文档为采光报告文件，以上文件都需保存，否则采光模型数据将会缺失。

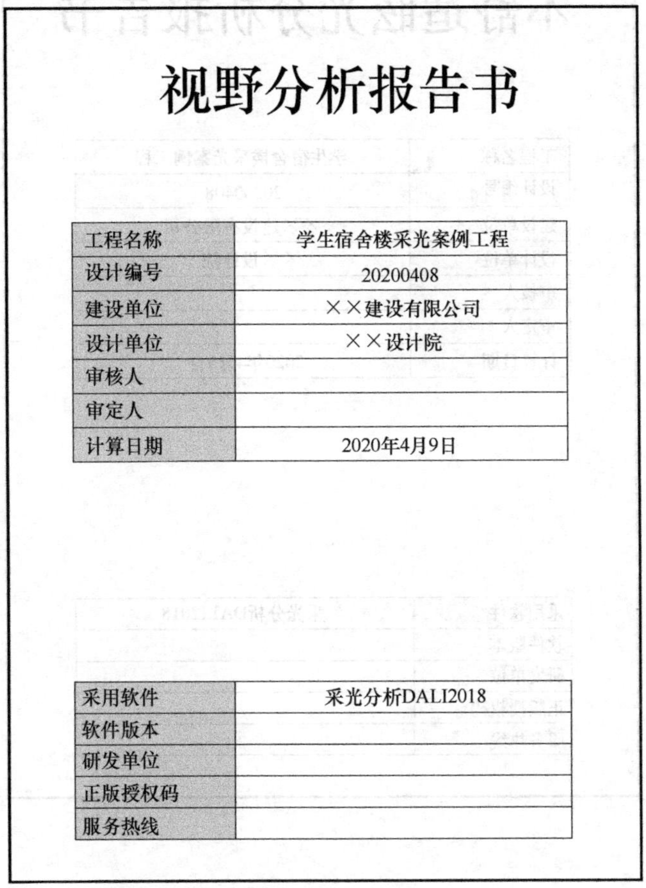

视野分析报告书

工程名称	学生宿舍楼采光案例工程
设计编号	20200408
建设单位	××建设有限公司
设计单位	××设计院
审核人	
审定人	
计算日期	2020年4月9日

采用软件	采光分析DALI2018
软件版本	
研发单位	
正版授权码	
服务热线	

图 5-101 视野分析报告书封面示意

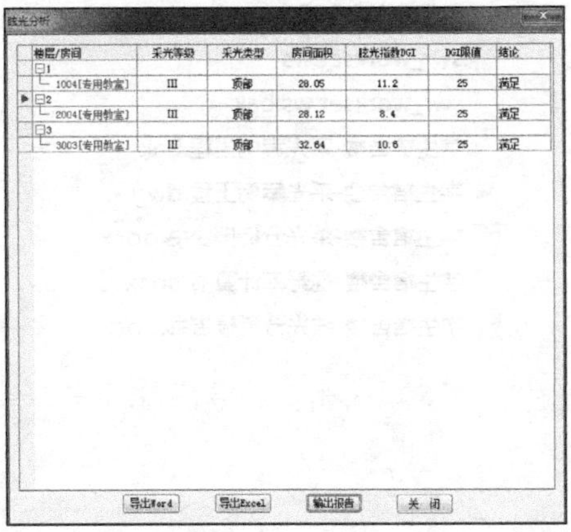

图 5-102 眩光分析结果浏览 2

BUILDING.DBA、——以及其他相关文件；其中"学生宿舍楼-采光案例工程.dwg"为采光模型，

Word文件为采光报告文件，可自行修改相应信息，详细报告见本书附录配套文件。

不舒适眩光分析报告书

工程名称	学生宿舍楼采光案例工程
设计编号	20200408
建设单位	××建设有限公司
设计单位	××设计院
审核人	
审定人	
计算日期	2020年4月9日

采用软件	采光分析DALI2018
软件版本	
研发单位	
正版授权码	
服务热线	

图 5-103　眩光分析报告封面示意

RadWork
学生宿舍楼-采光案例工程pic
BUILDING.DBF
swr_workset.ws
swr_workset.ws.bak
学生宿舍楼-采光案例工程.bak
学生宿舍楼-采光案例工程.dwg
学生宿舍楼-采光分析报告书.docx
学生宿舍楼-视野率计算书.docx
学生宿舍楼-眩光分析报告书.docx

图 5-104　采光分析结果文件

■ 5.4　日照分析实例

本节重点：通过该工程学习怎样使用日照分析软件来完成日照分析工作，从而掌握日照

分析软件的基本操作流程与方法；可以独立完成一个工程实例日照分析设置和计算等一系列的日照分析工作。

日照分析主要是通过几何光学的原理，太阳光直射到建筑物上进行室外分析，原则上是在晴天的环境下，通过几何光学的方式进行分析。

5.4.1　创建日照模型

1. 新建建筑群体

在日照分析软件中进行日照分析时，一般操作流程为：打开采光 BIM 模型→日照标准设置→日照模型处理→命名编组→日照分析→日照报告。

日照分析是根据建筑日照建模时依据计算数据建立几何模型，模型的内容应包括计算范围内的遮挡建筑、被遮挡建筑等相互关系。

1）启动软件。双击打开日照分析软件，进入日照分析软件界面，如图 5-105 所示。

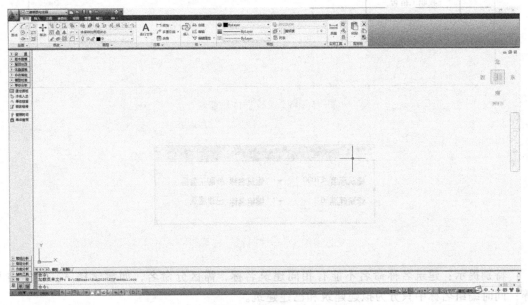

图 5-105　日照分析软件界面

2）新建工程。单击"常用"选项卡中"多段线"命令，根据命令栏中的文字提示创建建筑群体轮廓线，如图 5-106 所示。

特别提示：建筑群体轮廓线可根据建筑规划图直接使用或重新创建均可，无固定要求。

2. 设置建筑高度

完成建筑群体轮廓线绘制后，接下来就要给轮廓线赋予建筑高度。

1）激活命令。单击屏幕菜单中"基本建模"下的"创建模型"命令，激活该命令。

2）设置建筑基本信息。弹出"创建模型"对话框，在对话框中设置相关属性信息，如图 5-107 所示。

3）设置参数。根据命令栏中的文字提示，选择绘图区域中的建筑轮廓线分别给建筑赋予相关参数信息，建筑群体如图 5-108 所示。

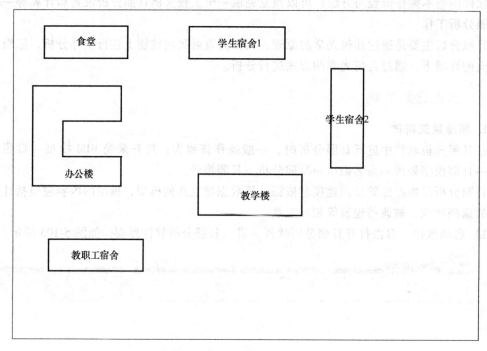

图 5-106　建筑群体轮廓线

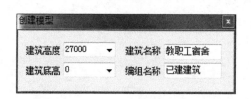

图 5-107　"创建模型"对话框

特别提示：建筑名称命名不能有相同建筑名称，需区分命名，如教学楼 A、教学楼 B 等；同时编组名称中只分为拟建建筑和已建建筑。

建筑群体的高度由用户根据实际情况进行定义，上述只是参考数据。

3. 日照窗

由于日照分析除了分析建筑阴影外还需要对日照窗进行分析，故需创建建筑群的日照窗。

1）激活命令。单击屏幕菜单中"基本建模"下的"两点插窗"命令，激活该命令。

2）设置参数。弹出"两点插窗"对话框，在对话框中设置相关参数，如图 5-109 所示。

特别提示：对话框中的数据将根据不同的建筑高度进行设置，层数×层高≤建筑高度。

3）等分插窗。设置好相关参数后，根据等分插窗命令栏中的文字提示，单击"等分数"按钮，如图 5-110 所示。

4）自动布置窗。在命令栏中输入等分数值10，单击绘图区域中的建筑轮廓线，软件将自动布置，结果如图 5-111 所示。

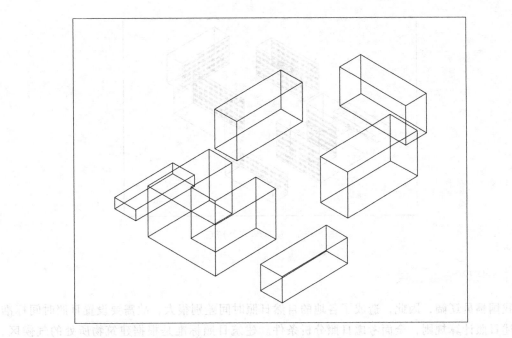

图 5-108　建筑群体

图 5-109　"两点插窗"对话框

图 5-110　等分插窗命令栏

学生宿舍

图 5-111　教学楼南面窗布置

　　其中，建筑群体的日照窗数量根据建筑设计要求进行布置。

　　其他建筑日照窗布置这里将不再详细说明，参照上述步骤自行布置，最终结果如图 5-112 所示。

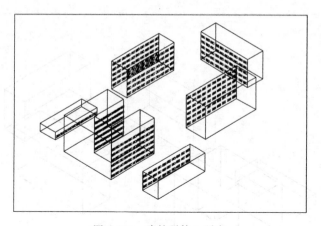

图 5-112　建筑群体日照窗

5.4.2　日照标准设置

我国幅员辽阔，因此，造成了各地的自然日照时间差别很大，故需要设置日照时间标准来描述日照计算规则，全面考虑日照分析条件。建筑日照标准是根据建筑物所处的气候区、城市规模和建筑物的使用性质来决定的。

（1）激活命令　单击屏幕菜单中"设置"下的"日照标准"命令，激活该命令。

（2）设置参数　弹出"日照标准"对话框，在对话框中，设置如下参数（图 5-113）：

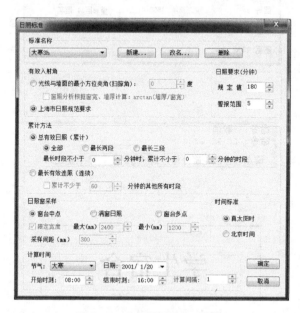

图 5-113　"日照标准"对话框

1）"标准名称"选择"大寒 3h"，"有效入射角"设置为"上海市日照规范要求"，日照要求按照软件默认设置。

2）"累计方法"按照"总有效日照（累计）"中的"全部"，"日照窗采样"选择"窗台中点"，"时间标准"为"真太阳时"。

3)"计算时间"中"节气"选择为"大寒"，"日期"为"2001/1/20"，其余按照软件默认设置，单击"确定"按钮。

特别提示：计算时间中的日期是采用节气的日期时间；而时间标准中真太阳时表示太阳连续两日经过当地观测点的上中天（正午12:00，即当日太阳高度角最高时）的时间间隔为1真太阳日，1真太阳日分为24真太阳时，在日照分析中通常都采用真太阳时作为时间标准。

5.4.3 日照阴影分析

完成上述模型创建和设置后，接下来采用日照分析软件进行日照分析。

1. 阴影轮廓

阴影轮廓主要是分析建筑群体之间的阴影关系；计算并分析遮挡建筑物在给定平面上所产生的阴影轮廓线。

1)激活命令。单击屏幕菜单中"常规分析"下的"阴影轮廓"命令，激活该命令。

2)设置基本信息。弹出"阴影轮廓"对话框，在对话框中设置分析地点为"南宁"，节气选择"大寒"，其余按照软件默认设置，如图5-114所示。

图5-114 "阴影轮廓"对话框

3)数据输出。设置好相关参数后，根据命令栏中的文字提示框选所有建筑，右击确定，软件将自动生成阴影轮廓线，结果如图5-115所示。

2. 客体范围

客体建筑就是在拟建建筑遮挡范围内，需做日照分析的居住或文教卫生建筑；该工程实例需要进行客体范围分析。

1)激活命令。单击屏幕菜单中"高级分析"下的"客体范围"命令，激活该命令。

2)设置基本信息。弹出"客体范围"对话框，在对话框中设置地点为"南宁"，其余按照软件默认设置，如图5-116所示。

3)数据输出。设置好相关参数后，根据命令栏中的文字提示框选建筑，软件将自动分析，结果如图5-117所示。

3. 主体范围

主体建筑是指对客体建筑产生日照遮挡的建筑。

1)激活命令。单击屏幕菜单中"高级分析"下的"主体范围"命令，激活该命令。

2)设置基本信息。弹出"主体范围"对话框，在对话框中设置地点为"南宁"，其余按照软件默认设置，如图5-118所示。

3)数据输出。设置好相关参数后，根据命令栏中的文字提示框选建筑，软件将自动分析，结果如图5-119所示。

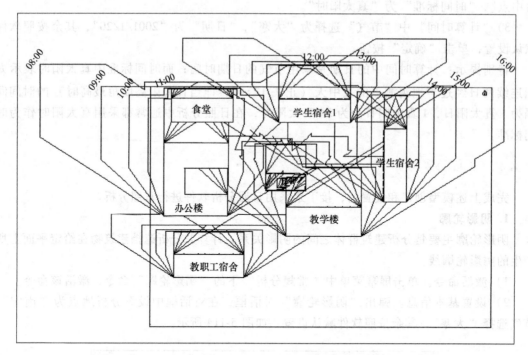

图 5-115　日照阴影轮廓线

图 5-116　"客体范围"对话框

4. 遮挡关系

遮挡关系用于分析建筑物与被遮挡建筑物的关系，为该建筑群的进一步日照分析划定关联范围，指导规划布置的调整和加快分析速度。

1）激活命令。单击屏幕菜单中"高级分析"下的"遮挡关系"命令，激活该命令。

2）设置基本信息。弹出"遮挡关系"对话框，在对话框中设置地点为"南宁"，其余按照软件默认设置，如图 5-120 所示。

3）设置遮挡关系。在对话框中设置好相关参数后，根据命令栏中的文字提示框选所有建筑为被遮挡建筑，右击确定；再根据命令栏中的文字提示框选所有建筑为遮挡建筑，右击确定，在绘图区域空白位置插入分析数据，遮挡关系数据分析结果如图 5-121 所示。

特别提示：执行"遮挡关系"命令前必须对参与分析的建筑物命名，否则建筑物 ID 分析无法进行。

5.4.4　日照窗户分析

日照窗户分析是进行日照分析的重要依据，同时能分析出日照窗的日照有效时间。

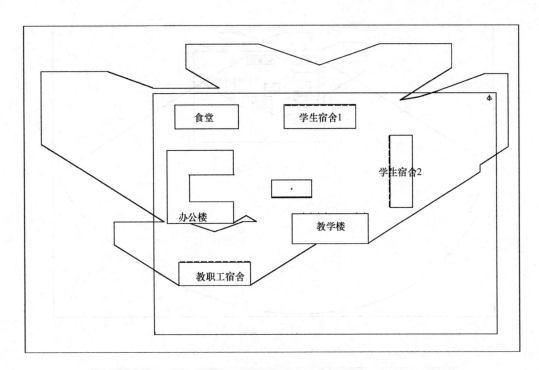

图 5-117　客体范围实例

图 5-118　"主体范围"对话框

1. 窗照分析

1）激活命令。单击屏幕菜单中"常规分析"下的"窗照分析"命令，激活该命令。

2）设置基本信息。弹出"窗照分析"对话框，在对话框中设置地点为"南宁"，其余按照软件默认设置，如图 5-122 所示。

3）插入分析报告。设置好相关参数后，根据命令栏中的文字提示框选所有建筑，右击确定，在绘图区域空白位置插入分析报告，窗照分析结果如图 5-123 所示。

2. 窗报批表

窗报批表主要是根据日照规定对居室性空间的窗户进行建设前后的日照分析，生成的数据供规划局审批。

1）激活命令。单击屏幕菜单中"高级分析"下的"窗报批表"命令，激活该命令。

2）设置基本信息。弹出"窗报批表"对话框，按照软件默认设置，单击"确定"按钮，如图 5-124 所示。

3）数据输出。设置好相关参数后，根据命令栏中文字提示，在绘图区域空白处放置分析结果。分析结果如图 5-125 所示。

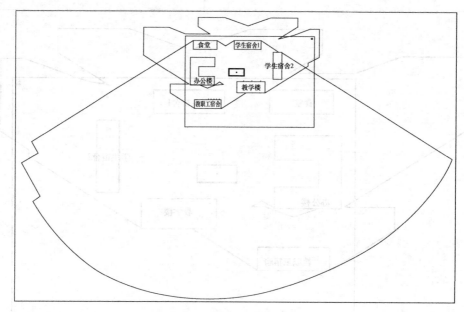

图 5-119　主体范围实例

图 5-120　"遮挡关系"对话框

遮挡关系表	
被遮挡建筑	遮挡物建筑
办公楼	拟建宿舍楼，教学楼，教职工宿舍
学生宿舍1	办公楼，学生宿舍2，拟建宿舍楼
学生宿舍2	拟建宿舍楼，教学楼
拟建宿舍楼	办公楼，教学楼
教学楼	教职工宿舍
教职工宿舍	
食堂	办公楼，拟建宿舍楼

图 5-121　遮挡关系数据分析表

3. 窗日照线

1）激活命令。单击屏幕菜单中"常规分析"下的"窗日照线"命令，激活该命令。

2）设置基本信息。弹出"窗日照线"对话框，在对话框中设置地点为"南宁"，其余按照软件默认设置，如图 5-126 所示。

图 5-122　"窗照分析"对话框

分析标准：大寒3h；地区：南宁；时间：2001年1月20日(大寒)08：00~16：00；计算间隔：1分钟

窗日照分析表

层号	窗位	窗台高(米)	日照时间	
			日照时间	总有效日照
	1	1.50	08:00~15:06	07:06
	2	1.50	08:00~15:26	07:26
	3	1.50	08:03~15:46	07:43
	4	1.50	08:09~15:57	07:48
	5	1.50	08:17~15:57	07:40
	6	1.50	08:26~15:57	07:31
	7	1.50	08:36~15:57	07:21
	8	1.50	08:49~15:57	07:08
	9	1.50	09:03~15:57	06:54

图 5-123　窗照分析结果

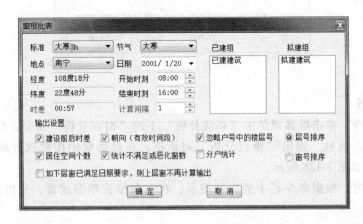

图 5-124　"窗报批表"对话框

3）数据输出。根据命令栏中的文字提示框选遮挡建筑物，右击确定；再选择分析的日照窗，结果如图 5-127 所示。

分析标准：大寒3h；地区：南宁；时间：2001年1月20日(大寒)08:00~16:00；计算间隔：1分钟

学生宿舍1楼窗日照分析表

层号	窗位	窗台高(米)	建设前		建设后		建设前后时差	朝向
			日照时间	总有效日照	日照时间	总有效日照		
1	11	1.50	08:00~15:15	07:15	08:00~15:15	07:15	00:00	正南
	12	1.50	08:05~15:34	07:29	08:05~15:34	07:29	00:00	
	13	1.50	08:12~15:51	07:39	08:12~15:51	07:39	00:00	
	14	1.50	08:19~15:56	07:37	08:19~15:56	07:37	00:00	
	15	1.50	08:26~16:00	07:34	08:26~16:00	07:34	00:00	
	16	1.50	08:35~16:00	07:25	08:35~16:00	07:25	00:00	
	17	1.50	08:46~16:00	07:14	08:46~16:00	07:14	00:00	
	18	1.50	08:59~16:00	07:01	08:59~16:00	07:01	00:00	
	19	1.50	09:14~16:00	06:46	09:14~16:00	06:46	00:00	
	20	1.50	09:31~16:00	06:29	09:31~16:00	06:29	00:00	

图 5-125　窗报批表分析结果

图 5-126　"窗日照线"对话框

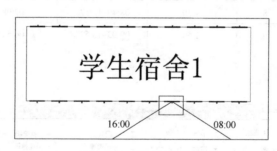

图 5-127　线日照窗分析

4. 窗点分析

1）激活命令。单击屏幕菜单中"高级分析"下的"窗点分析"命令，激活该命令。

2）设置基本信息。弹出"窗点分析"对话框，在对话框中按照软件默认设置，单击"确定"按钮，如图 5-128 所示。

3）数据输出。根据命令栏中的文字提示，在空白位置单击放置，分析结果如图 5-129 所示。

5. 单窗分析

1）激活命令。单击屏幕菜单中"高级分析"下的"单窗分析"命令，激活该命令。

2）设置基本信息。弹出"单窗分析"对话框，在对话框中按照软件默认设置，单击"确定"按钮，如图 5-130 所示。

图 5-128　"窗点分析" 对话框

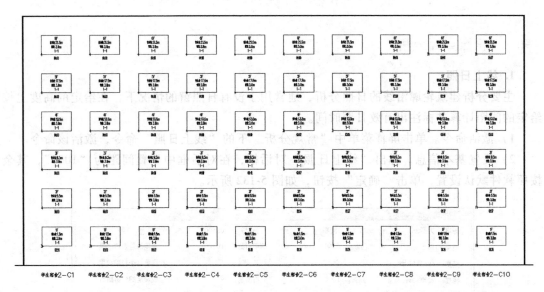

学生宿舍2

图 5-129　学生宿舍 2 分析数据

图 5-130　"单窗分析" 对话框

3）数据输出。根据命令栏中的文字提示框选所有建筑，右击确定；再根据命令栏中的文字提示选择分析日照窗，弹出分析结果对话框，如图 5-131 所示。

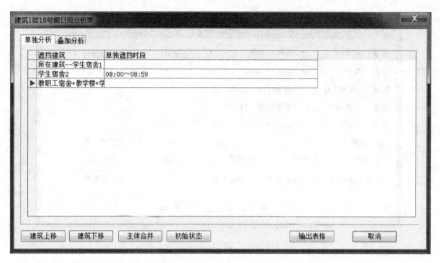

图 5-131　"建筑 1 层 18 号窗日照分析表"对话框

5.4.5　日照点面分析

1. 线上日照

主要分析建筑轮廓沿线的日照分析，通常用于没有日照窗的情况下，在给定的高度上按给定的间距计算并标注出有效日照时间。

1）激活命令。单击屏幕菜单中"常规分析"下的"线上日照"命令，激活该命令。

2）设置基本信息。弹出"线上日照"对话框，在对话框中设置间距为"1000"，其余按照软件默认设置，单击"确定"按钮，如图 5-132 所示。

图 5-132　"线上日照"对话框

3）数据输出。根据命令栏中的文字提示框选所有建筑为遮挡物，右击确定；再根据命令栏中的文字提示选择分析建筑，结果如图 5-133 所示。

2. 线上对比

1）激活命令。单击屏幕菜单中"常规分析"下的"线上对比"命令，激活该命令。

2）设置基本信息。弹出"线上对比"对话框，在对话框中设置间距为"1000"，其余按照软件默认设置，单击"确定"按钮，如图 5-134 所示。

3）数据输出。根据命令栏中的文字提示框选所有建筑作为可能遮挡的已建建筑，右击确定；再根据命令栏中提示框选所有建筑作为拟建建筑，右击确定；选择分析建筑。

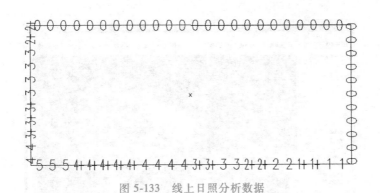

图 5-133　线上日照分析数据

图 5-134　"线上对比"对话框

3. 区域分析

1）激活命令。单击屏幕菜单中"常规分析"下的"区域分析"命令，激活该命令。

2）设置基本信息。弹出"区域日照分析"对话框，在对话框中设置输出形式为"伪彩图"，其余按照软件默认设置，如图 5-135 所示。

图 5-135　"区域日照分析"对话框

3）数据输出。根据命令栏中文字提示框选所有建筑作为遮挡物，右击确定，指定分析范围，区域分析结果如图 5-136 所示。

5.4.6　日照报告输出

完成上述操作后，日照分析已基本完成，接下来将输出日照报告。

1）激活命令。单击屏幕菜单中"常规分析"下的"日照报告"命令，激活该命令。

2）设置基本信息。根据命令栏中的文字提示，单击"是"按钮，弹出"日照报告"对话框，如图 5-137 所示。

3）设置参数。在对话框中输入相关信息参数后，单击"确定"按钮，然后根据命令栏中的文字提示框选遮挡关系表、窗照分析表和建筑统计表，右键确定，软件将自动生成日照分析报告文件。

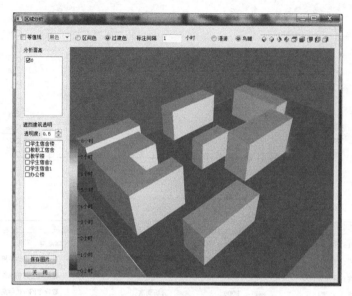

图 5-136 区域分析结果

图 5-137 "日照报告"对话框

4）输出结果。完成日照报告文件输出后，就完成了该工程实例的日照分析操作，最后将得到如图 5-138 所示的结果文件。

学生宿舍楼-日照案例工程.bak
学生宿舍楼-日照案例工程.dwg
学生宿舍楼-日照分析报告.docx

图 5-138 日照分析结果文件

 习　　题

1. 节能模型导入到节能设计软件中，操作流程分为几步？分别是什么？
2. 若节能模型中各个楼层分别独立，使用什么命令可快速组合？

3. 完成节能模型的调整中，哪些步骤是必不可少的？为什么？

4. 在节能设计软件中进行工程设置，哪些信息不能缺少？

5. 在采光分析中，为什么要设置房间类型？它的作用是什么？

6. 采光分析计算后，需要分析哪些内容？

7. 日照分析的前提是必须有哪些信息才能分析并输出报告？

8. 周边建筑群体创建有什么要求？如果没有创建是否对分析产生影响？

参 考 文 献

[1] 谭良斌，刘加平. 绿色建筑设计概论 [M]. 北京：科学出版社，2021.

[2] 张亮. 绿色建筑设计及技术 [M]. 合肥：合肥工业大学出版社，2017.

[3] 伯格曼. 可持续设计 [M]. 徐馨莲，陈然，译. 南京：江苏凤凰科学技术出版社，2019.

[4] 王娜. 建筑节能技术 [M]. 2 版. 北京：中国建筑工业出版社，2020.

[5] 华南理工大学. 建筑物理 [M]. 广州：华南理工大学出版社，2002.

[6] 上海市绿色建筑协会. 上海市绿色建筑设计应用指南 [M]. 北京：中国建筑工业出版社，2018.

[7] 绿色建筑工程师专业能力培训用书编委会. 绿色建筑综合案例分析 [M]. 北京：中国建筑工业出版
社，2015.

[8] 克雷盖尔，尼斯. 绿色 BIM：采用建筑信息模型的可持续设计成功实践 [M]. 高兴华，译. 北京：中
国建筑工业出版社，2016.

[9] 中华人民共和国住房和城乡建设部. 绿色工业建筑评价标准：GB/T 50878—2013 [S]. 北京：中国建
筑工业出版社，2014.

[10] 中华人民共和国住房和城乡建设部. 夏热冬暖地区居住建筑节能设计标准：JGJ 75—2012 [S]. 北
京：中国建筑工业出版社，2013.

[11] 中华人民共和国住房和城乡建设部. 严寒和寒冷地区居住建筑节能设计标准：JGJ 26—2018 [S].
北京：中国建筑工业出版社，2019.

[12] 中华人民共和国住房和城乡建设部. 绿色建筑评价标准：GB/T 50378—2019 [S]. 北京：中国建筑
工业出版社，2019.

[13] 中华人民共和国住房和城乡建设部. 既有建筑绿色改造评价标准：GB/T 51141—2015 [S]. 北京：
中国建筑工业出版社，2016.

[14] 中华人民共和国住房和城乡建设部. 民用建筑热工设计规范：GB 50176—2016 [S]. 北京：中国建
筑工业出版社，2017.

[15] 中华人民共和国住房和城乡建设部. 建筑环境通用规范：GB 55016—2021 [S]. 北京：中国建筑工
业出版社，2022.

[16] 陈正，黄莹，樊红缨. 基于 BIM 的造价管理 [M]. 北京：机械工业出版社，2021.

[17] 彭修宁，陈正，樊红缨. 建筑工程 BIM 正向一体化设计应用 [M]. 北京：机械工业出版社，2022.